数学历险记

陈东栋 著

图书在版编目(CIP)数据

数学历险记／陈东栋著.—济南:济南出版社,
2017.5(2018.12 重印)
ISBN 978–7–5488–2566–1

Ⅰ.①数… Ⅱ.①陈… Ⅲ.①数学—少儿读物
Ⅳ.①O1–49

中国版本图书馆 CIP 数据核字(2017)第 109003 号

出版发行	济南出版社
地　　址	济南市二环南路 1 号(250002)
发行热线	0531–86116641　86131730
印　　刷	山东华立印务有限公司
版　　次	2017 年 5 月第 1 版
印　　次	2018 年 12 月第 2 次印刷
成品尺寸	148 mm×210 mm　32 开
印　　张	6
字　　数	115 千
印　　数	6001-9000 册
定　　价	20.00 元

(济南版图书,如有印装质量问题,可随时调换。电话:0531–86131716)

致小朋友

许多孩子不喜欢数学，他们觉得学习数学就像在数字和符号组成的题海中苦苦挣扎。他们也有一个梦想，梦想自己的数学学习之旅就像一次次思维的探险、一次次美妙的奇遇、一次次激动人心的破解。他们更有许多希望，希望数学不再那么单调，数学学习能像听故事那样轻松有趣；希望数学不再那么枯燥，数学学习能像警察破案那样富有成就感；希望数学不再那么古板，数学学习能像游戏那样引人入胜……

兴趣是最好的老师，为了让孩子们爱上数学，我们只有改变——虽然不能改变知识，但能改变知识呈现的方式。本套图书是以人教、苏教版教材为依据，结合孩子们的学习能力，为孩子们学习数学而量身定做的一套趣味数学故事丛书。

《数学奇遇记》安排了蜜蜂王国奇遇记、海底世界奇遇记、阿凡提智斗记、八戒经商奇遇记、"狐丽狐途蛋"奇遇记、文迪古代奇遇记、智慧北游奇遇记，共7个数学奇遇故事。读完这本书，你会为阿凡提劫富济贫、伸张正义之举而赞叹，你会因文迪的古代之旅而脑洞大开，你会为兔子凭借数学智慧战胜狐狸而鼓掌，你会因八戒不懂数学处处受挫而捧腹大笑……同时，你也会体悟到数学的魅力、数学的妙趣、数学思维和方法的重要、数学历史的丰富。

《数学历险记》安排了玩具历险记、鼠王国历险记、酷酷猴历险记、沙漠古城历险记、狼窝历险记、妙算城历险记，共6个数学历险故事。打开这本书，你会有种身临其境的感觉：陪伴几个受到不公平对待的玩具去寻找新的小主人；跟随土地爷到充满危险的鼠王国走一遭，只为找回被老鼠盗走的数学书；变成孙悟空的弟子酷酷猴来一次人间之行；变成故事中的主人公，在沙漠古城中解开一个个古人设计的机关；掉进妙算城，经历一次头脑风暴，成为拯救地球的卫士……读完这本书，你会为数学蕴藏的巨大能量而赞叹，会为今后学好数学而努力。

《数学破案记》安排了军鸽天奇破案记、数学王子破案记、兔子白雪从警记、"包青天"破案记，共4个破案故事。读完本书，你会为一只兔子喝彩，它为实现自己当警察的理想而付出不懈的努力。兔子是弱小、胆怯的代表，但本故事中的兔子因为数学而变得智慧，因为数学而变得强大。为了寻找食肉动物发狂的真正原因，兔子白雪和狐狸令狐聪成为好友，历经千辛万苦，终于找到了隐藏在背后的真正元凶。

捧起这套图书，阅读智慧数学故事，你就会明白：数学是一条路，一条通往快乐的路，让你备感愉悦；数学是一种美，一种超越现实的美，它能让你的思维变得自由灵活；数学是一双眼睛，通过这双眼睛，你会发现世界变得更加斑斓多彩。

陈东栋

2017年5月

目 录

★玩具历险记 ·················· 1
    玩具密谋出逃 ················ 2
    大战蟒蛇 ···················· 7
    钻进鼹鼠城 ·················· 11
    河边激战 ···················· 15
    寻找玩具修理师 ·············· 21
    大战玩具城 ·················· 26
    玩具山历险 ·················· 31
    消灭蠕虫王和木马王 ·········· 36
    巧搭顺风船 ·················· 41
    巧救昆虫 ···················· 45
    路线之争 ···················· 51
    大结局 ······················ 55

★鼠王国历险记 ················ 59
    偷书鼠 ······················ 60
    智取地图 ···················· 63
    大门密码 ···················· 66
    卫兵的盘问 ·················· 68
    数学擂台 ···················· 70

无尾鼠将军的毒酒 …… 72
军粮 …… 74
运军粮巧除无尾鼠 …… 76
鲁比将军 …… 78
鲁比调兵遣将 …… 81
扩建浴池 …… 83
贺寿表演 …… 85
扩建大广场 …… 87
拍照片 …… 89
进入书房 …… 90
智入暗室 …… 92
火烧鼠王国 …… 94

★酷酷猴历险记 …… 97
　仙丹是啥味 …… 98
　人参果 …… 101
　机灵果 …… 103
　天庭借马 …… 106
　关进警察局 …… 108
　冤枉了甜甜沙 …… 110
　帅帅猪上当 …… 111
　追赶甜甜沙 …… 113

★沙漠古堡历险记 …… 115
　冒牌的数学家 …… 116

危险的旅程 …………………… 118
　　古堡机关 ……………………… 121
　　古墓石棺 ……………………… 124
　　台阶上的秘密 ………………… 127
　　盗墓贼落网 …………………… 131
★狼窝历险记 …………………… 134
　　银行被盗 ……………………… 135
　　野狼寨里任军师 ……………… 137
　　夜探野狼寨 …………………… 139
　　智过哨岗 ……………………… 142
　　夜探兵营 ……………………… 144
　　石门上的密码 ………………… 146
　　谁去粮仓 ……………………… 148
　　活捉数学狼 …………………… 151
★妙算城历险记 ………………… 154
　　飞机失事 ……………………… 155
　　磁力大峡谷 …………………… 158
　　"二、十"旅馆 ……………… 162
　　潜入司令部 …………………… 165
　　太阳系行星阵 ………………… 169
　　逃离牢笼 ……………………… 172
　　成功脱险 ……………………… 175
★参考答案 ……………………… 178

玩具历险记

玩具也有感情。钢铁侠、大眼妞、大嘴蛙受到了小主人的残酷对待,他们决定出逃,修复身体,并寻找真正有爱心的孩子当他们的新主人……

玩具密谋出逃

一个漆黑的夜晚，在一间儿童房的床底下，一场秘密的会议正在召开。独臂钢铁侠、光头大眼妞、发条大嘴蛙为了这次会议密谋了整整一个月，他们决定出逃，因为他们的小主人太顽皮了，刚买回来时对他们很好，可没过多久，就把钢铁侠的一只手臂卸了下来，把大眼妞的头发也扯掉了，连大嘴蛙肚里的发条也被拧断了。

"我们一定要逃出去，要不迟早会被大卸八块，扔进垃圾箱里。"胆大的钢铁侠说道。

"呜……我的头发也被扯掉了，我现在是不是很难看？"大眼妞哭诉起来。

"头发没了，可以装假发，可我的发条断了，就成残疾了。"大嘴蛙跟着哭了起来。

"想逃？我要告密！"橡皮猴不知从哪里钻出来，嬉皮笑脸地说。

"你要敢告密，我就把你捏成皮球，再踩成泥饼！"钢铁侠挥了挥他强健有力的独臂。

虽然钢铁侠只有一只手臂，橡皮猴自知也不是他的对手，便改口说道："不让我告密也行，你们必须把我带上。"

"小主人对你那么好，你为什么要逃走？"大眼妞反问道。

"嘻嘻,刺激,好玩!"这就是橡皮猴出逃的原因。

这时大嘴蛙莫名其妙地哭了起来。

"别哭,把小主人吵醒了,谁也逃不了!"钢铁侠像司令员一样命令道。

热心的大眼妞关切地问道:"大嘴蛙,你为什么哭?难道你舍不得离开?"

"不是,我的发条断了,再也走不了路了。"大嘴蛙捂着嘴抽咽着。

"这个问题太难解决了。"钢铁侠这回也没办法了,因为大家不可能背着大嘴蛙出逃。

橡皮猴得意地说:"我有办法,昨天小主人刚买了一辆太阳能电动汽车,我们开车逃跑!"

"好主意!"大伙齐口称赞。

"汽车可是小主人的宝贝,睡觉都抱着,如何才能搞到?"大眼妞说道。

"硬夺肯定不行,我们得智取!"大嘴蛙提议道。

"这还用说?方法我早就想好了。"橡皮猴的脑袋就像计算机一样,运转起来特别快。

橡皮猴背着大眼妞三下两下就爬上小主人的床,他让大眼妞用鸡毛挠小主人的鼻子,他将尾巴系在汽车上,钢铁侠在床下用绳使劲地拉橡皮猴。

"阿嚏!"小主人打了一个大喷嚏,抱着汽车的手也松开了,橡皮猴和汽车都掉下了床,汽车压在橡皮猴的身上,没有发出声响，橡皮猴都被汽车压得变形了。

钢铁侠把汽车从橡皮猴身上搬开，橡皮猴一动也不动。"不好，橡皮猴被压死了！"

大嘴蛙张大嘴说："我来给橡皮猴做人工呼吸。"

橡皮猴一听，立刻跳起来，哈哈笑道："你那大嘴一吹，非把我吹爆不可！"原来橡皮猴是装死，想吓唬大家。

橡皮猴把大眼妞又背了下来。

"汽车有了，可是谁来开车呢？"大眼妞问道。

独臂钢铁侠说："我来开！"

橡皮猴反对道："不行，根据交通法，手脚不好的人不能开车。这车由我来开，而且我昨天学过驾驶，有经验。"

四个小伙伴上了汽车。汽车很高级，外形像奔驰越野车；车内装饰也很高级：真皮沙发、高级音响，还有一个大的显示屏。

橡皮猴打开电源开关，双手握紧方向盘，加了油门，可汽车一动也不动。"汽车怎么不动，是不是坏了？"

"快看，显示屏放电影了！"大嘴蛙又叫了起来。

"不对，这好像是一道数学题目。"大眼妞说。

显示屏上的题目是：下面三个长方形内的数有相同的规律，请你找出它们的规律，并填出 B、C，然后确定 A，那么 A 是_____。

9 1		20 2		A 3
2 3		3 4		B C

橡皮猴挠了半天头也没想出结果。

钢铁侠有些不耐烦了，说："我们乱填一个数！"

橡皮猴反对道："不行，填错了，汽车不仅开不了，而且会发出警报声。"

大眼妞想了想说："我知道答案了，B 是 4，C 是 5，A 应该是 35。"

大嘴蛙小声地提醒道："可别填错了，出逃被抓，我们的下场肯定会更惨。"

大眼妞自豪地说："小主人每次学数学，我都在旁边偷听，数学我比小主人学得还要好！"

橡皮猴嘲笑道："别吹牛。你说说，这题你是怎么做出来的？"

大眼妞见大伙不信她，解释道："根据第一和第二幅图数字的规律，可知第三幅的 C 表示"5"，B 表示"4"；再根据 $9=(1+2)\times3$，$20=(2+3)\times4$，可知 $A=(3+4)\times5=35$。"

听了大眼妞的一番解释，大伙这才放心，催促橡皮猴快点开车。

"大伙坐好了，我要开车了！"他加了点油门，果然汽车缓缓地开动了。

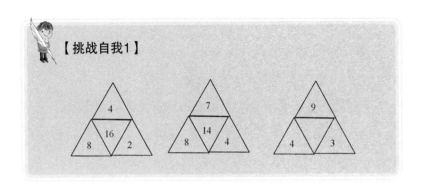

大战蟒蛇

"橡皮猴哥哥,你就教教我如何开车吧。"经不住大眼妞的再三请求,橡皮猴决定当一回教练。

"握紧方向盘,两眼平视,轻点油门……"在橡皮猴的指点下,大眼妞也学会了开车。

独臂钢铁侠不屑地说:"这种车,我一只手也能开。"

"残疾人不能开车,这是法律规定的。"橡皮猴搬出法律吓唬钢铁侠。

"你再说我是残疾人,我就把你揍成'残疾猴'!"钢铁侠生气地叫道。

"你们别吵了,赶紧想办法逃出去。"大嘴蛙阻止了他俩的争吵。

小主人的房间门紧闭着,汽车根本无路可逃。大眼妞看着窗外皎洁的月光,感慨道:"要是我们的汽车能飞就好了。"

橡皮猴抬头看了看墙上的钟,说:"出逃的时间快到了。"

"你葫芦里到底装着什么药?"三个小伙伴都想不出橡皮猴有什么办法能把汽车开出小主人的房间。

橡皮猴把汽车开到房门的边上,示意大家不要出声。

"嘀达、嘀达……"房间里十分安静,静得都能听到心跳声。

"太紧张了,我的心都要从嘴里蹦出来了。"大嘴蛙用手捂着大嘴。

过了一会儿,小主人迷迷糊糊地起床上厕所,房门刚打开,橡皮猴猛踩油门,汽车从小主人胯下开出了房间。

突然,小主人家的猎犬从黑暗处跳了出来,拦在汽车前面:"汪汪……我是小主人家的警察,想逃,门都没有。"

橡皮猴笑道:"哈哈,我们根本没想从大门跑。"

"快从狗洞开出去!"大眼妞紧张得闭起了眼睛。橡皮猴开着车从狗肚子下面穿了过去,经过狗洞开出了屋子。

"汪汪……"猎犬紧追不舍。

"快点开进花丛里!"大嘴蛙呱呱地叫道。

猎犬钻不进花丛,在花丛外乱叫一通后,离开了。

"我们成功了!橡皮猴你真是太棒了!"大眼妞称赞道。

钢铁侠不服气地说:"要是我开,肯定比橡皮猴开得还要好!"

花丛里黑乎乎的,只能看见两盏绿色的小灯。

"把车灯打开!"钢铁侠总喜欢用命令的口吻与人说话。

两道光柱从车前射出,大嘴蛙立刻在车里呱呱地叫了起来,原来一条蟒蛇正瞪着他们。

"把青蛙交出来,否则休想逃走!"蟒蛇一副蛮不讲理的样子。

"怎么所有的蛇都想吃青蛙啊?"大嘴蛙叫得更响了。

"求求你别叫了,你想把所有的蛇都引来吗?"橡皮猴哀求道。

钢铁侠一副满不在乎的样子说:"一条蛇有这么可怕吗?我下车教训他一下!"

"别……别下车!他会活吞了你的。"大眼妞拉着钢铁侠不让他下车。

"你们有什么好办法吗?"钢铁侠反问道。

钢铁侠下了车,活动了一下他仅有的那只铁胳膊,对着蟒蛇说:"有本事你吞了我!"

蟒蛇飞快地爬过来,把钢铁侠咬在嘴里。

"啊……"汽车里的小伙伴吓得抱成一团。

胆子稍大的橡皮猴睁开一只眼,发现蟒蛇好像特别难受,紧接着他听见蟒蛇"哇"的一声,把钢铁侠吐了出来。

只见钢铁侠的手中握着一颗雪白的蛇牙,笑道:"哈哈,还想吃我吗?"

蟒蛇忍着巨痛说:"吞不了你们,我也不放你们过去,除非……"蟒蛇不想恋战,他想给自己找个台阶下。

"除非什么?"橡皮猴把头伸出窗外,大声地问道。

"除非你们能算出我的体重。"蟒蛇答道。

"你为什么要算自己的体重?"钢铁侠感到不解。

"主人说过,等我长到10千克,就会把我放归大自然。"蟒蛇说出了其中的原因。

橡皮猴问:"怎么算?"

蟒蛇说:"如果我吞一只鸡和一只鸭,体重达12千克;如果只吞一只鸡,体重是9千克;如果只吞一只鸭,体重是10千克。如果什么也不吃,我的体重是多少千克?"

"真是一个残忍的家伙,真该把他的牙齿全拔掉!"大眼妞恨得咬牙切齿。

橡皮猴想了想说:"我知道,你的体重是7千克。用12－9＝3(千克),求出一只鸭重3千克,再用10－3＝7(千克),求出你的体重是7千克。"

钢铁侠挥舞着铁拳头怒吼道:"快滚,否则把你的尖牙全拔掉!"

【挑战自我2】

有一台秤,0到40千克的刻度看不清了。小熊、小猴、猩猩的体重均不超过40千克,山羊先称出三位的总体重是95千克,又称出小猴和小熊的体重和是61千克,最后称出小猴和猩猩的体重和是63千克。你知道这三个动物分别重多少千克吗?

钻进鼹鼠城

钢铁侠像一位得胜的将军,用一根绳把蛇牙系在了胸前。"这是我的战利品,我要永远戴着它。"

"汽车现在由我来开。"钢铁侠说出了自己早想说的话。

"可别把车开到沟里去。"橡皮猴嘲讽道。

"我一只手也能开得很棒。"钢铁侠回道。

"钢铁侠你真棒,被蛇吞到肚子里,你是怎么出来的?"大嘴蛙有一肚子的问题要问。

"我的身体可比蛇的牙硬多了,在蛇嘴里,我拽住一颗牙,用力一掰,它牙就断了。"钢铁侠边说边挥舞着自己的独臂。

"请勿与司机讲话。"橡皮猴出来干涉了。

"当心,车子要掉沟里了!"大眼妞突然尖叫起来。

"砰!"失去控制的汽车掉进了一条水沟。

"幸亏水沟里没有水,要不然就麻烦了。"大眼妞庆幸道。

"只要不下雨,我们就不会被淹死。"橡皮猴刚说完,车顶上就传来了"噼噼啪啪"的声音。下雨了,而且雨越下越大,还刮起了大风,夹杂着闪电和雷鸣。

"你这乌鸦嘴,别说话了!"钢铁侠对着橡皮猴怒吼道。

"快看,前面有一个大洞!"大眼妞的视力最好,首先发现水沟前方有一个大洞。

橡皮猴重新当上了驾驶员,他成功地把汽车开进了洞里。车灯打开了。"好深的洞!"汽车沿着弯弯曲曲的洞向前行驶,大家既兴奋又紧张,眼睛都死死地盯着前方。

"看,大门!"又是大眼妞首先发现前方的一扇大门。

"嘀嘀……"橡皮猴按了按喇叭,没有动静。

"我去看看。"橡皮猴正准备下车,钢铁侠拉住了他,说:"万一里面又有蛇怎么办?还是让我去吧。"

钢铁侠敲了敲门,没有动静,只见门上有四个田字格图案:

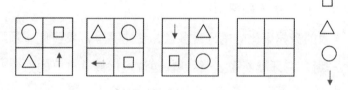

三个小家伙见钢铁侠在门上摆弄着什么,感到很好奇,橡皮猴和大眼妞扶着大嘴蛙也来到了大门前。

橡皮猴一见图案立刻笑道:"这种图案门锁我会解。"

大嘴蛙疑惑地问道:"橡皮猴,你怎么会解?"

"哈哈,你忘记我叫什么了吗?橡皮猴!小主人学习时总拿我当橡皮擦用,所以小主人学习我也能跟着学习。"说完他自信地上前边摆边解释,"这四个图形的位置是按顺时针的方向旋转。"

"门怎么还不开?"大眼妞问道。

橡皮猴挠挠头,也感到困惑:"这是怎么回事呢?"

大嘴蛙好像突然明白了什么，大叫道："我知道什么原因了！这个箭头是按逆时针旋转的，所以尖头要朝右。"

大嘴蛙得意地说道："旋转我最在行，我的发条就是靠旋转获得动力的。"

大门打开了，从门里涌出了十几只鼹鼠，他们七手八脚地把四个小家伙和小汽车全抬进了门里。

"哇，门里是一座漂亮的城市！"他们惊呼道。而且里面的居民全是鼹鼠。

一只穿戴华丽的鼹鼠——国王从皇宫中走了出来，指着小汽车对他们说："这汽车归我。"

"你又不会开车，要汽车干什么？"橡皮猴可不想把唯一的交通工具送人。

鼹鼠国王想了想说："听说汽车有里程表，我们可以用来测量国土和田地的长度。"接着又指着橡皮猴说："你，留下来给我当司机！"

"我可不想给老鼠当司机！"橡皮猴立刻反对道。

"不是老鼠，我们是鼹鼠！"鼹鼠国王大声说道。

"反正都有鼠，都是强盗！"橡皮猴一点也不服软。

鼹鼠国王心想，没有司机，有汽车也没用，于是换了口气说："只要你能帮我们测量出几块田地的长度，我就放了你们。"

"一言为定！"橡皮猴郑重地说。

鼹鼠国王为了防止橡皮猴开车逃跑,他把大眼妞扣留当人质。

鼹鼠国王拿出了几张图纸:

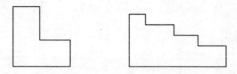

橡皮猴看了看图纸,驾着车测量了第一个图形的一条边,笑着说:"第一块土地的周长是 5×4=20(米)。"

鼹鼠国王不满意地说:"只测量了一条边,你怎么就知道它的周长了?"

橡皮猴用笔在图纸上画了几笔:"你看,只要把这两条边往右和往上一移,就正好是一个正方形,用边长乘4就算出周长了。"

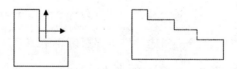

第二个图形,橡皮猴也只测量了两条边,说:"8+4=12(米),12×2=24(米)。"

鼹鼠国王受到了上幅图的提醒,也明白了其中的道理。

橡皮猴说:"尊敬的国王,你说话要算数,我们得赶路了。"

鼹鼠国王只能答应放走他们。但想走出鼹鼠国可不是件容易的事,四个小伙伴能走出去吗?

【挑战自我3】

下面是一个花圃的平面图,求出花圃的周长。

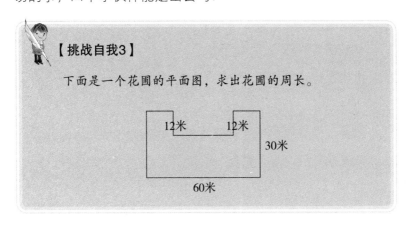

河边激战

鼹鼠国是进来容易出去难,没有向导,在错综复杂的地洞中乱窜根本走不出去。橡皮猴对鼹鼠国王说:"你得给我们派个向导。"

鼹鼠国王叫来三只小鼹鼠,皮笑肉不笑地说:"这甲、乙、丙三只鼹鼠,其中一只是你们的向导。"

橡皮猴问道:"谁是向导?"

鼹鼠甲说:"是鼹鼠乙。"鼹鼠乙说:"不是我。"鼹鼠丙说:"不是我。"

鼹鼠国又说:"他们仨仅有一只说了真话,谁是向导,你们自己想办法找出来。"

大嘴蛙气愤地叫道："你这是故意为难我们！"

大眼妞一边观察一边思考，她走到鼹鼠丙面前笑道："我们请他做向导！"

钢铁侠提醒道："可别搞错了。"

橡皮猴肯定地说："错不了，肯定是鼹鼠丙。这种小推理还难不住我。"

原来，橡皮猴用推理的办法，断定鼹鼠丙是真正的向导。

橡皮猴开着汽车，在向导的指引下成功地开出了鼹鼠城。

"自由万岁！"

可是橡皮猴却乐不起来——眼前一片荒野，他不知开向哪里。橡皮猴嘴上不说，可心里发慌，他不敢把心里话讲出来，他认为，迷路对司机来讲是一种耻辱。

"看，前面有条大河，我们无路可走了。"大嘴蛙惊叫起来。

"扑通！"钢铁侠找了块石头扔进河里，说："水太深了，根本无法过河。"

"我们迷路了。"胆小的大眼妞哭了起来。

"别怕，我们沿河边开，说不定能找到桥。"橡皮猴安慰大家。

忽然，不远处传来哈哈大笑声，还有轻微的哭泣声。"前面有人，我们去问问路。"大嘴蛙视力不行，可听力却出奇地好。

眼前的一幕把大家气坏了：七八只老鼠将一只小乌龟掀翻

在河岸上，把他当陀螺转着玩。

钢铁侠行侠仗义的豪情又一次被点燃了，他跳下车，怒吼道："住手！"

老鼠们仍不停手，还嘲笑道："哪来的铁疙瘩，多管闲事。"

一只老鼠气焰嚣张地说："在这里，还没有谁敢和我们老鼠家族唱对台戏。来，咱们教训教训这家伙。"

另一只老鼠扑过来，对着钢铁侠的大腿张嘴就是一口，"咔嚓"，他的大门牙断了。"哎哟，我的牙！"

其他几只老鼠一齐扑了过来，钢铁侠亮出了他的铁拳，大喊一声："看拳！"

几个回合下来，老鼠们被打得满地找牙。

"我们用绳绊倒这铁家伙！"老鼠们找来细绳。钢铁侠浑身是力，可对付这细细的绳子却没了办法，很快就被老鼠们捆住了。

"快去救钢铁侠！"大眼妞在汽车里喊道。

"坐稳了！"橡皮猴开足马力，向老鼠群冲了过去。"砰……"老鼠们被撞飞了。

"快上车！"橡皮猴打开车门，把钢铁侠和小乌龟救上了车。

老鼠们可不甘失败，他们又召来了几十只老鼠，把汽车围了个水泄不通。

"怎么办？"大眼妞紧张得闭上了她的大眼睛。

"冲出去！"钢铁侠下令道。

"车子怎么不走了?"橡皮猴把汽车加到最大马力,可汽车一动也不动,原来它被老鼠们抬了起来。

"把汽车扔到河里!"受伤的老鼠们大声叫道。

"扑通",汽车被老鼠们扔到了河里,慢慢沉了下去。

"这下死定了!"大伙抱在一起,痛哭起来。

正当河水不断往汽车里灌的时候,橡皮猴却感到汽车在慢慢地往上浮。

"怎么回事?难道我们的汽车会游泳?"大家感到不解。

很快,汽车又露出了水面。橡皮猴把头伸出车窗,向下一看,原来汽车正稳稳地停在一只大乌龟的背上,大乌龟背着汽车向河对岸游去。

汽车被拖上了岸,河对岸的老鼠气得哇哇乱叫。

橡皮猴像机械师一样,仔细地查看了汽车的每个零件,说:"电池受潮了,必须拿出来晒干,不然汽车肯定动不了。"

"谢谢你们救了我的儿子。"原来这只大乌龟是小乌龟的妈妈。

"小乌龟,你怎么独自到河岸边来了?"橡皮猴问道。

"我想到河里抓鱼,送给奶奶吃。"小乌龟说出独自到大河里抓鱼的原因。

"你奶奶家肯定离大河很远吧?"大眼妞想去看看小乌龟的奶奶。

"是的,我每天都要走很远的路。"说完小乌龟在河岸沙滩上画了一幅图:

·奶奶家

·小乌龟家
　　　　大河

橡皮猴看着图，想了想说："小乌龟，你爬得慢，我帮你设计一条最短的路线，可以让你每天到河里抓鱼，然后送鱼给奶奶。"说完，他在沙滩上帮小乌龟设计了一条路线：

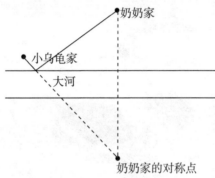

橡皮猴："实线就是最短的路线。你走这条路，可以节省许多时间。"

【挑战自我4】

王阿姨、李阿姨、孙阿姨中有一人是商场的售货员，下面是她们说的话：

王阿姨说："孙阿姨是售货员。"

李阿姨说："我不是售货员。"

孙阿姨说："售货员是李阿姨。"

她们中只有一个人说了谎话。到底谁是售货员呢？

寻找玩具修理师

钢铁侠的身体被河水浸泡后,关节处开始生锈,身体变得僵硬,活动也越来越不灵活。

"钢铁侠生病了,我们必须找家医院给他治一下。"大眼妞急得眼泪都掉下来了。

乌龟妈妈说:"这条大河通向一座城市,城市里有一座玩具城,肯定有办法帮他修好身体。"

橡皮猴说道:"可是汽车的电池还没有干,汽车无法开动。"

"妈妈,我们背他们过去。"热心的小乌龟主动提出帮忙的想法。

乌龟妈妈驮着小汽车向城市游去。顽皮的橡皮猴站在汽车顶上,用自制的望远镜观察着远处的风景,嘴里还一个劲地叫着:"冲啊,前进……"

大眼妞在汽车里照顾钢铁侠和大嘴蛙,着急地问乌龟妈妈:"乌龟妈妈,到玩具城还有多远?你每分钟能游几米?"

乌龟妈妈回道:"从这里到玩具城还有 480 米,我每分钟能游 6 米。"

钢铁侠有点受不了了:"480÷6=80(分钟),还要 80 分钟才到啊。"

橡皮猴接过话说:"不需要 80 分钟。我观察到水的流速是每分钟 2 米,加上乌龟妈妈的速度,我们每分钟应该能前进 6 + 2 = 8(米),所以只需要 480÷8 = 60(分钟)。"

时间一分一秒地过去了,不知不觉,他们进入了城市,来到了玩具城下。

"快看,前面是玩具城。钢铁侠大哥你再坚持一下,马上就给你找个修理师。"橡皮猴说道。

"再见小乌龟,再见乌龟妈妈!"告别了小乌龟,橡皮猴发现,汽车的电池已经干了,又可以启动了。于是,他们开着汽车,来到了玩具城门口。

玩具城的建筑特别漂亮,可城内的卫生和秩序却让人大跌眼镜:汽车不按信号灯行驶,随地吐痰、乱涂乱画、出口骂人等现象随处可见,还有人在打架……

"你好,请问玩具城的修理师住在哪里?"大眼妞礼貌地向路人询问。

"哪来的光头妹?你准备给多少问路费?哈哈……"一帮路人起哄,大笑起来。

"一帮地痞流氓!让我下车教训他们!"钢铁侠气愤地叫道。

"玩具城怎么变成这样了?这其中肯定有原因。"橡皮猴似乎觉察到了什么。

大嘴蛙张大嘴巴,"呱"的一声,吐出了一只金戒指,十分不舍地说:"小主人把妈妈的金戒指藏在我肚子里,现在正好能派上用场了。"

橡皮猴惊叹道:"大嘴蛙,没想到你这么富有。"

"带我们到修理师家里,金戒指归你!"橡皮猴可不想让人骗了。

在玩具城一处偏僻的地下室前,指路人说:"修理师是个怪老头,他总说我们得了病,我可不想见他。"说完拿着金戒指一溜烟地跑了。

"咚咚……"门内没有回应,橡皮猴一推,门开了,一条很黑的通道伸向里面。

橡皮猴从汽车的工具箱里找了一把小手电筒,他背起大嘴蛙走在前面,转头说:"大眼妞你扶着钢铁侠紧跟着我,我觉得这通道怪怪的。"

四个小家伙沿着通道走了好长时间,大嘴蛙首先叫了起来:"前面是一堵墙,没路了,我们上当了!"他心疼自己的金戒指。

橡皮猴用手电筒在墙壁上照了照,发现墙上有一个圆形按钮:

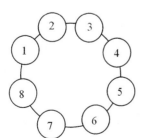

从1号开始,按顺时针方向往下数,当数到第75时,按下小球,光明再现!

"这肯定是机关。"橡皮猴断定。

"猴哥,你可要想清楚了,千万别按错了。"大眼妞提醒橡皮猴。

橡皮猴想了想说:"把8个小球看成一组,数75次,75÷8=9(组)……3(个),所以应该按3号小球。"

"轰"的一声,脚下的地板突然掉了下去,吓得四个小家伙抱在一起。

当四个小家伙醒来时,眼前灯火通明。一位长得和圣诞老人差不多的老者微笑地看着他们:"欢迎来到玩具城地下世界。"

"我们死了吧?呜……"大眼妞又哭开了。

橡皮猴使劲掐了一下自己的大腿,"哎哟!"接着又哈哈大笑起来,"我还有疼的感觉,我们没死。"

老者笑道:"能来到我这里的全是智慧者的代表,没有被有毒软件伤害,欢迎你们!"

大眼妞听说自己没死,立刻破涕为笑:"老爷爷,我们从很远的地方来,想请你治好我们的身体。"

"可以,不过你们必须帮我重整玩具城,现在的玩具城全乱套了。"老爷爷爽快地答应了他们的请求。

老爷爷找来了一根全新的发条,对大嘴蛙说:"现在我要给你动手术了,你怕吗?"

"不怕,只要能治好我,开膛破肚我也不怕!"大嘴蛙回道。

大眼妞听说要给大嘴蛙开膛破肚,吓得双眼紧闭。

修理师的手术很成功,大嘴蛙装上新的发条后,跳得比原来更快更远了。"哈哈……我能跑了,我能跑了!"大嘴蛙兴奋得在地下室到处乱蹦。

接着轮到钢铁侠了,修理师爷爷先用砂纸摩擦生锈的关节处,然后用吊瓶给钢铁侠注入了一瓶润滑油。钢铁侠疼得直冒汗(其实是润滑油),大眼妞一边鼓励钢铁侠一边给他擦汗。修理师还特意给钢铁侠装了一只力量巨大的假臂:"有了这只假臂,你能击败一支军队。"

最后他带大眼妞来到美发厅。"头发!好美的头发!"大眼妞激动得叫起来。

"橡皮猴哥哥,你说我是装黄头发,还是装金头发呢?"大眼妞拿不定主意了。

"我感觉还是黑头发好看一些,飘起来更漂亮。"橡皮猴建议道。

"那我就选黑头发。"大眼妞采用了橡皮猴的建议,给自己装上了黑头发。

【挑战自我5】

轮船在静水中的速度是每小时15千米,水流的速度是每小时3千米,已知轮船从上游甲港开到下游乙港航行了12小时,那么,从下游乙港返回到上游甲港需要几小时?

大战玩具城

"修理师爷爷,玩具城怎么变成恐怖城了?"橡皮猴问道。

修理师长叹一声:"玩具城本是我们玩具的王国。在几个月前,这里来了两个号称是'蠕虫王'和'木马王'的坏家伙,他们悄悄地钻进了玩具城的电脑系统,然后所有的智能玩具都中了病毒,玩具城就成了现在这个样子。"

大眼妞关切地问道:"那中了病毒的玩具还能救治吗?"

修理师从口袋里拿出几个像 U 盘一样的东西,笑道:"有这个'365 玩具安全卫士',什么病毒都能杀死。"

"拯救玩具城的任务就交给我们吧!"钢铁侠紧握拳头,信心百倍。

四个小伙伴告别修理师来到了红汽车旁,他们发现一只胖胖的玩具熊猫手拿几支香,正围着汽车喃喃自语,像是中了邪。

"'熊猫烧香'!"大嘴蛙叫起来。

"看我的!"钢铁侠举起假臂,想好好表演一番。

"熊猫可是国宝,不能伤了他。"橡皮猴连忙拦住钢铁侠,然后悄悄地接近熊猫,想乘其不备,把"365 玩具安全卫士"插入熊猫体内进行杀毒。

哪知这熊猫功夫十分了得,他突然飞身跃起,把橡皮猴压在身下，接着又把橡皮猴搓成橡皮球，在手上玩起了太极。

"功夫熊猫！"大嘴蛙再次叫起来。

"我让他尝尝我的天罗地网！"钢铁侠的假臂里射出一张网，罩住了熊猫。大伙救出了橡皮猴，并给熊猫体内的系统杀了毒。

"幸亏我没有骨头，要不准给这熊猫弄骨折了。"橡皮猴活动了一下手脚，发现自己并无大碍。

"拯救玩具城还得靠我钢铁侠！"钢铁侠得意地说道。

橡皮猴不服气地说："我们比一比，看看一个晚上谁解救的玩具公民多。"

"比就比，不过汽车得归我。"

钢铁侠、大嘴蛙、大眼妞为第一小组，橡皮猴和功夫熊猫为第二小组。

看着远去的汽车，橡皮猴问道："熊猫，你知道玩具城里哪有交通工具吗？"

功夫熊猫指着不远处说："前方有玩具飞机制造厂。"

飞机制造厂的停机坪上停着各种各样的飞机，有战斗机、轰炸机、直升机……橡皮猴挑了一架直升机，可折腾了好长时间也没发动起来。"这飞机是不是坏了？"橡皮猴问道。

功夫熊猫想了想说："飞机可能中了病毒，你先给飞机的系统杀杀毒试试。"

橡皮猴掏出"365玩具安全卫士"连接上飞机系统，飞机屏幕上出现了输入密码的提示：从0~9十个数字中选出所有轴对称数字,组成一个最小的多位数。

橡皮猴想了想说:"轴对称的数字有0、1、3、8,所以密码是1038。"

直升机的机翼转起来了,橡皮猴拉起操纵杆,直升机呼啸着升向空中。

"橡皮猴,我们开始行动吧!"功夫熊猫催促道。

橡皮猴没有急着解救玩具公民,而是把飞机开到水枪厂,挑了两把大容量的水枪,又开到胶水厂,给水枪注满了"瞬间胶"。橡皮猴和功夫熊猫分好工,橡皮猴在空中向中了病毒的玩具射击,当玩具被粘住时,功夫熊猫就给他杀毒。

"开火!"橡皮猴驾着直升机在空中盘旋,见到玩具公民就射击,一个晚上解救了八九百个玩具公民。

再说钢铁侠这一组,他们开着车在玩具城里到处转。钢铁侠是见人就撒网,还像警察一样,总忘不了说上这样一句话:"站住,你已被捕,听候发落!"

钢铁侠见自己解救了上百名玩具城的公民,洋洋得意,笑道:"凭橡皮猴的那点本事,跟我比,他输定了。"

钢铁侠哪里知道,危险正在朝他们一步步逼近,"沙沙"的声音在四周响起。

"钢铁侠哥哥,我们四周好像有什么怪声响!"大眼妞担心道。"别怕,有我钢铁侠在,什么怪物都能收拾了。"话音刚落,玩具城里的探照灯全打开了,大嘴蛙定睛一看,吓得呱呱大叫:"怪物!"

原来，他们所做之事，被"蠕虫王"和"木马王"发现了，他们派出了蠕虫军队和木马军队包围了钢铁侠。

这蠕虫长得像大青虫，见什么吃什么，所过之处，寸草不生。这木马长得更恐怖，长着一个方形脑袋，下半身却是马的身体。

"吃、吃、吃……""杀、杀、杀……"包围圈越来越小了。钢铁侠把假臂功能调为"射击钢珠"。

"嗒嗒……"钢铁侠开火了，最前面的一批蠕虫和木马倒下了，可后面的那些怪物并不退缩，仍然向前，钢铁侠招架不住了，他假臂里的钢珠也射完了。"快躲进车里，把门窗锁好！"

"完了，完了，这下彻底完了！"大嘴蛙一脸绝望。

蠕虫和木马抬起汽车，向他们的大本营——玩具山走去。

突然，蠕虫和木马军队发生了骚乱，头顶上响起了直升机的发动机声。"是橡皮猴！"大眼妞看到了救星，激动得叫起来。橡皮猴和功夫熊猫用胶水枪对着地面一阵狂射，许多蠕虫和木马被粘住不能动弹。橡皮猴抛下一根铁丝，用"瞬间胶"粘住汽车，"起！"直升机带着汽车飞向了高空。

"谢谢你，橡皮猴！"

"刚才你们救我一次，现在我救你们一次，这下我们扯平了。"橡皮猴笑道。

"对了，橡皮猴，你解救了多少玩具公民？"大眼妞问道。

"是个三位数，百位上的数字是十位上数字的3倍，十位数上的数字是个位上数字的 3 倍。"橡皮猴随机出了一题考考大眼妞,顺便炫耀一下自己的战果。

"哇!你解救了 931 名玩具公民,橡皮猴你太厉害了!"没想到大嘴蛙先算了出来。

大眼妞也回敬了一题给橡皮猴,说:"你解救的玩具公民数量比我们的 5 倍还多 21 名。"

橡皮猴心算了一会儿,笑道:"你们战果也不错,解救了 182 名玩具公民。"

"功夫熊猫哪去了?"四个小伙伴四处寻找,终于在一个充电站发现了功夫熊猫。可这时的熊猫和他们第一次见的熊猫一样,手里又拿着香,嘴里念念有词。

大眼妞:"他肯定又中病毒了!"

"我们再去找修理师爷爷,请他帮我们出出主意。"四个小伙伴又一次去寻找修理师。

【挑战自我6】

把 100 个桃子分装在 7 个篮子里,要求每个篮子里装的桃子的个数都带"6"字。想一想,该怎样分?

玩具山历险

"不干了,白忙了一晚上,还差点丢了性命!"钢铁侠对着修理师一通抱怨。

"怎么了,出了什么意外?"修理师关切地问道。

大嘴蛙不等钢铁侠说话,呱呱地把事情的前后经过都讲了出来。

修理师听完后若有所思:"再次感染病毒这个问题,我倒没想到。"

橡皮猴接过话说:"我们得想一个一劳永逸的办法。"

"办法是有,可是……可是太危险了。"修理师欲言又止。

"别婆婆妈妈的,有办法,我钢铁侠就能办到!"性格直爽的钢铁侠叫嚷道。

修理师:"玩具城的电脑系统在玩具山的山洞中,你们只要想办法进去,杀死系统中的蠕虫和木马病毒,那玩具城就能恢复原样。"

"要想进入敌人的心脏,谈何容易?"大眼妞担忧道。

"'不入虎穴,焉得虎子'?再难我们也得试一试。"钢铁侠可是铁了心要拯救玩具城。

"修理师爷爷,你能否帮我们伪装一下?"橡皮猴的鬼点子最多。

修理师给橡皮猴配了一把麻醉枪和一把"瞬间胶"水枪,给钢铁侠配了功能更多的假手臂,给大嘴蛙配了一双弹簧鞋,给大眼妞配了一把电击棍防身;另外还仿制了四套"蠕虫服",让四个小伙伴以假乱真,混进玩具山。

四个小家伙来到大街上,发现到处是蠕虫,他们的汽车和直升机也被蠕虫当成战利品抬上了玩具山,大街上到处张贴着通缉令:

"凭什么橡皮猴的奖赏比我们都高?"钢铁侠一百个不服气,"我要让他们尝尝我的厉害,让他们知道抓到我的奖赏应该最高!"说完就想动手。

大眼妞连忙拦住他:"不要鲁莽,暴露了身份,如何拯救玩具城?"

四个小家伙借着夜色,在混乱中悄悄向玩具山逼近。

玩具山上的道路崎岖不平,每一个台阶都很高,四个小伙伴穿着笨重的"蠕虫服"2分钟才爬了4个台阶。

大眼妞看到路边的标牌上写着"玩具山共984个台阶",便拿了根树枝在地上列了个竖式:

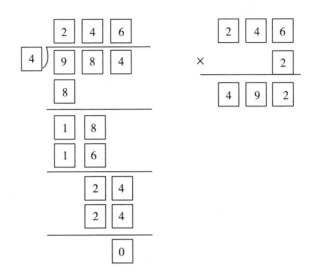

大眼妞算完后，顿时像泄了气的皮球："妈呀！我们大约要500分钟才能爬上山顶。"

"大嘴蛙哥哥，你背我上山吧！"

大嘴蛙这时也爬得汗流满面，张着大嘴喘着粗气："我也爬不动了，你们看那些木马士兵爬山又快又轻松。"

"我们骑马上山。"橡皮猴的鬼点子最多。

"对，我们用钱收买这些木马士兵。"钢铁侠提议道。

三个小家伙一齐看向大嘴蛙，大嘴蛙捂着肚子说："别看我，我可没钱贿赂他们。"

"不用贿赂他们，看我的。"橡皮猴在上山的路上喷洒了一些"瞬间胶"，几个木马士兵刚踏上去，就被粘住不能动弹了。

"喂，蠕虫老弟，帮帮忙，把我脚下的东西啃掉。"被粘住的木马士兵向橡皮猴求助。

橡皮猴就像商人一样，讨价还价："帮你清除掉胶水，你得背我们上山。"

就这样，四个小家伙骑上了高头大马。

"驾……"橡皮猴骑在木马身上，威风凛凛，好似大将军一般。

来到山顶，橡皮猴发现每一个蠕虫士兵和木马士兵都有一张身份牌，凭身份牌刷卡才能进入山洞。

原来这些蠕虫和木马士兵全是电脑控制的流水线生产的机器兵，每个士兵生产出来后，都有一个相对应的身份牌号，平时这些身份牌都藏在肚子里，只有需要验明身份时才吐出。

"橡皮猴，这可怎么办？"大嘴蛙问道。

"没办法我们就硬闯！"钢铁侠的倔劲又上来了。

"这机器兵是流水线生产的，你杀掉一批，他们再生产两批，你杀得完吗？"橡皮猴反驳道。

四个小伙伴躲藏在离洞口不远处的密林中，橡皮猴爬上树梢，观察敌情。他发现木马士兵进入洞中后，洞门关闭，只有一些哨兵在外巡逻，他们转悠一圈后，通过输入大门密码又进入了洞中。

"发现什么了？"焦急的大嘴蛙在树下问道。

"有办法了，只要破解了密码，就能进入洞中。"橡皮猴从树梢上跳下来，为自己的发现而洋洋得意。

四个小伙伴假扮成巡逻队来到了洞门口。洞门是一扇电子控制的玻璃门，"嘟"的一声，电子门上出现了一行字：一只蠕虫每小时长大一倍,30小时长到100厘米,( )小时长到25厘米?

"不知道这小蠕虫原来有多长,这题怎么做?"大嘴蛙挠挠头。

"破门而入最方便。"钢铁侠习惯性地抬起假臂就想开火。

"这题用倒推的方法可以解。"大眼妞第一个想出了解答的方法。

"说来听听。"

大眼妞解释道:"第30小时长到100厘米,由于蠕虫每小时长大一倍,第29小时应该是50厘米,所以第28小时能长到25厘米!"

橡皮猴输入答案,玻璃门"吱"的一声打开了。

四个小伙伴被眼前的景象惊呆了:两条流水线在快速地运转着,流水线上全是"孕育箱",每个"孕育箱"里都有一只蠕虫或木马,他们正在飞速地成长,每隔1小时就长大一倍。

大眼妞:"如果这么多蠕虫和木马全都长成了,那玩具城就真成病毒的王国了。"

橡皮猴:"我们得快点找到电脑控制系统,让流水线停下来。"

【挑战自我7】

一条毛毛虫由幼虫长成成虫,每天长大一倍,15天能长到4厘米。毛毛虫要长到32厘米,共需要几天?

消灭蠕虫王和木马王

"电脑控制室会在哪个方向呢?"大伙拿不定主意。

"我们分头找。"钢铁侠提议道。

"不用。我们沿着电脑线寻找,肯定能找到控制室。"橡皮猴总能在大伙困惑时想到好点子。

橡皮猴自信地说:"肯定是这间房了,电脑线全是从里面接出来的。"

大门上写着:"控制中心,闲人莫进。"

"没有钥匙根本无法进入。"橡皮猴使足了劲也没法打开房门。

钢铁侠伸出他的假臂,得意地说:"这种小事,不用您猴大人费劲了。"说完他转动了一下假臂,假臂上伸出一根铁丝钩,他在钥匙孔里鼓捣了一会儿,"咔"的一声,门锁被打开了。

房间里空荡荡的,除了三根石柱以外什么也没有。

"电脑线明明是从这间屋里连出去的,电脑主机肯定在这间屋里。"橡皮猴在屋里四处寻找,希望能发现线索。

大嘴蛙一下子蹦到石柱顶上:"报告,石柱顶上没线索。"

大眼妞围着石柱,她轻轻擦去上面的灰尘,只见一行字刻在上面:什么东西早晨长,中午短,傍晚又变长?

"像是一个谜语。"大眼妞自言自语道。

大嘴蛙从石柱上跳了下来,说:"猜谜语我最拿手了。"

"早晨长,中午短,傍晚又变长……哈哈,我知道是什么了。"大嘴蛙兴奋得呱呱乱叫。

"是什么?"

"是影子。影子早晨长,中午短,傍晚又变长。"

大眼妞:"会是谁的影子呢?"

大嘴蛙笑道:"这还用猜吗?这房间里只有三根柱子,肯定是这三根柱子的影子。"

橡皮猴:"管他呢,我们试试再说。"

三个小伙伴点燃了三支火把,从不同的方向照射出三条柱子的影子,当柱子的影子相交于一点时,奇迹发生了。

大嘴蛙:"快看,相交点发亮了。"

橡皮猴走到相交点,敲了敲地面的石板说:"秘密肯定藏在相交点下面。"

钢铁侠的力气最大,他撬开石板,一台电脑慢慢地升了上来。

"哈哈,终于找到了!"橡皮猴十分激动。

"谁会用电脑?"橡皮猴问道。

四个小家伙互相看了看,都摇摇头表示不会。

钢铁侠举起他的假臂,说:"我一发炮弹把电脑炸个稀烂,就搞定了。"

"没用的,电脑炸了,可玩具里的病毒并没有被清理,换一台电脑,仍然会被传染的。"橡皮猴反对道。

橡皮猴拿出"365玩具安全卫士"说:"这玩意能杀死玩具里的病毒,肯定也能杀死电脑主机里的病毒。"

橡皮猴在电脑键盘上敲了几下,电脑屏幕上出现了提示语:"请输入密码□□□□□□□。"

大嘴蛙:"输入'1234567'试试看。"

橡皮猴也没什么好办法,就按大嘴蛙的提议,输入了"1234567"。顿时,整座玩具山警声大作,报警灯闪烁不停。

"我不是故意的,这可怎么办?"大嘴蛙第一个慌了起来。

钢铁侠显得沉稳一些,说:"橡皮猴,你负责破解电脑密码,外面的木马士兵和蠕虫士兵交给我。"

橡皮猴又输入了"7654321",警报声更响了。钢铁侠在屋外向不断涌来的木马士兵开火,阻挡他们进入电脑房。

橡皮猴又输入了一次密码:1111111。还是错误。

这时,电脑屏幕上出现一条提示:忘记密码请按提示。

橡皮猴按了提示,屏幕上出现一行字:密码为七位数,将从左到右相邻的两个数字依次相加,得到的和分别是9、8、10、13、18、14。

"橡皮猴,你快点,我快顶不住了!"屋外的钢铁侠大声催促道。

大嘴蛙吓得跳到石柱顶上。

橡皮猴静心思考了一会儿:"哈哈,密码我能破解了。"

"由于只有 $9+9=18$,所以第 5 个数字和第 6 个数字都是 9;再根据 $9+5=14$,推算出最后一个数字是 5;根据 $9+4=13$;推算出第 4 个数字是 4。以此方法推算,这个七位数的密码是 7264995。"

大嘴蛙:"钢铁侠你要顶住,胜利一定属于我们!"

橡皮猴输入密码,电脑从休眠状态被激活了,橡皮猴把"365 玩具安全卫士"插入电脑连接口。

电脑显示屏上出现提示语:你确定要删除木马和蠕虫病毒吗?"确定!"橡皮猴按下"确定"后,电脑立刻执行删除病毒程序。

"恭喜您,删除成功!"

顿时,所有的木马士兵和蠕虫士兵都瘫在地上不能动弹。

"成功啦!"四个小伙伴抱在一起庆贺他们的胜利。

玩具城又恢复了往日的平静。木马士兵和蠕虫士兵体内的病毒被清理后,成了玩具城的新市民,负责运输和清理工作,玩具城又变得整洁漂亮了。

修理师爷爷当选为玩具城的市长,负责玩具制造系统的监制,凡是有害的玩具系统都不能生产。

"感谢你们为玩具城所作的贡献。"

四个小伙伴不约而同地说:"保卫玩具城,个个有责!"

【挑战自我8】

有9个杯口朝上的杯子,每次翻动6个杯子,能否经过若干次翻动,使杯口全部朝下?为什么?

巧搭顺风船

四个小伙伴决定继续旅行,修理师爷爷建议道:"上海玩具博览会就要开幕了,你们可以去找一个富有爱心的小主人。"

"可是我们如何才能去上海呢?"大眼妞特别想找一个长着长头发的小女孩做自己的新主人。

修理师爷爷带他们来到大河边,指着河边的一条玩具船笑道:"我给你们做了一条大船,可以载着你们和你们的小汽车顺流而下,在长江的入海口有一个大都市,那就是上海!"

"我的力气大,我当船长!"钢铁侠一只手紧握船舵,另一只手拿着望远镜,他威风凛凛的样子,别提有多帅了。

钢铁侠:"大嘴蛙,我任命你为副船长,橡皮猴和大眼妞是我们的乘客,你要照顾好他俩。"

"呱呱……"大嘴蛙当了副船长,高兴地又叫又跳。

"呜……"钢铁侠拉响汽笛,玩具船开动了。

橡皮猴和大眼妞闲着没事,在船头欣赏着沿岸的美丽风光。

朝霞染红了河水。"太美了!"大眼妞伸展双臂,河风吹拂起她黑色的长发。

突然,河面上的波浪大了起来。"副船长,为了乘客的安全,把他俩叫回船舱!"钢铁侠第一次发号施令。

"呜……"一阵汽笛声从不远处传来,一艘巨大的轮船正向他们驶来。

"看清了,是上海号游轮。"钢铁侠放下望远镜,说道。

"只要我们想办法登上轮船,就能搭乘顺风船了。"橡皮猴的鬼点子特别多。

"靠大轮船太近,我们会翻船的。"钢铁侠反对道。

"我有办法。"橡皮猴很有信心的样子。

橡皮猴让大伙坐上汽车,他拆下一个汽车反光镜,通过光的折射,向游轮上的一个小男孩传递信息。

"看!爸爸,河面上有一艘玩具轮船,船上还有一辆小汽车。"小男孩终于发现了他们,并央求爸爸帮他打捞玩具船。

一个渔网兜,连着一根长长的竹竿伸向他们。"捞上来了!"小男孩十分开心。

"这小汽车好可爱,里面还有驾驶员。"小男孩抱起小汽车回到了自己的房间。他打开汽车门,把四个小家伙全倒了出来。

"洋娃娃、橡皮猴和跳跳蛙我不要,小汽车和钢铁侠我留着。"小男孩选好玩具,把小汽车和钢铁侠锁进了保险箱就出去玩了。

"逃出去!"橡皮猴一跃而起。

"钢铁侠和小汽车被锁在保险箱里了。"大眼妞急得直敲保险箱的门。

大嘴蛙跃上保险箱,对着里面大叫:"钢铁侠,你还好吗?我们来救你了。"

钢铁侠在保险箱里,大声说:"保险箱有密码,是一个三位数。"

橡皮猴见保险箱上有一行数字按键:

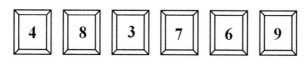

"钢铁侠,你知道密码是多少吗?"橡皮猴追问道。

"我也不知道,只是听到小男孩说,按下三个数字,使剩下的三个数字按顺序组成的三位数最小。"

大嘴蛙听完后,呱呱叫道:"太简单了,把最大的三个数字按下去,剩下的就是最小的三位数了。"说完就想去按数字。

"别按!"橡皮猴拉住大嘴蛙,说,"如果按错了,保险箱会发出报警声。"

大眼妞想了想说:"如果按大嘴蛙的方法,把最大的三个数字8、7、9按下去,剩下的三个数字按顺序组成一个三位数是436,并不是最小。"

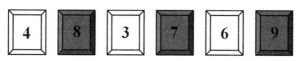

大嘴蛙恍然大悟:"要使三位数最小,那百位上的数字就

应该最小。"

"对,所以应该按下4、8、7,剩下的三个数字按顺序组成的三位数是369。"橡皮猴脱口而出。

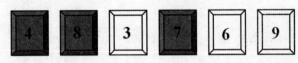

"咔"的一声,保险箱打开了,钢铁侠和小汽车获救了。

橡皮猴发动汽车,催促大家赶紧上车:"必须尽快逃出房间,要是被小男孩发现了,那就麻烦了。"

汽车开到房门前停了下来。"房门关着,如何出去?"大嘴蛙又嚷开了。

"我的力气大,我来开门。"钢铁侠自告奋勇。他爬到房门的锁柄上,使劲往下拉,可锁柄纹丝不动。

"太紧了,旋不开!"钢铁侠开锁失败。

"怎么办?"大眼妞最着急,她担心小男孩把她扔进河里。

"请人类帮忙。"橡皮猴提议道。

"请人类帮忙?橡皮猴你疯了!谁会帮你?"大伙一致反对。

橡皮猴得意地说:"人类的语言我不会说,可人类的字我会写。"

"真的?橡皮猴哥哥你太有才了。"大眼妞羡慕地说。

四个小伙伴爬上桌子,找来了小男孩的铅笔和一张白纸,钢铁侠、大嘴蛙、大眼妞三人抬着铅笔,橡皮猴指挥:"向左画一条线,再画一条线,然后向下画一条线……"不一会儿工夫，两个大大的字"开门"成功地写了出来。

"听到门外有脚步声，我们就把字条从门缝里塞出去。"橡皮猴把耳朵贴着门板。

"有人来了，快塞纸条！"四个小家伙把纸条从门底下塞了出去，连忙钻进小汽车里。

"吱"的一声，房门开了，橡皮猴猛踩油门，在开门人还没注意到他们时，就溜出了房间。

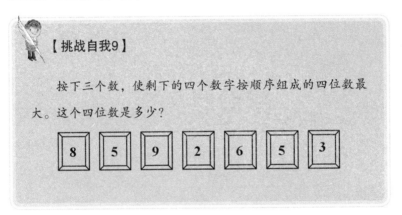

【挑战自我9】

按下三个数，使剩下的四个数字按顺序组成的四位数最大。这个四位数是多少？

8 5 9 2 6 5 3

巧救昆虫

橡皮猴开着汽车七拐八拐，也不知怎么的，就开到了轮船的甲板上。

"你这司机怎么当的？这里这么多人，肯定会被发现的。"钢铁侠抱怨道。

"瞧，小男孩在找我们！"大眼妞第一个发现了危险，惊叫起来。

"快藏起来!"钢铁侠命令道。

已经来不及了,小男孩发现了小汽车,正朝他们跑来。

橡皮猴开着车,在人群里和小男孩玩起了捉迷藏的游戏。

"我……我……我有办法。"大嘴蛙支支吾吾。

"什么办法?快说!"

大嘴蛙从嘴里吐出了一个大气球,把头伸出窗外,鼓足了气,把气球吹得大大的。钢铁侠抓住气球:"注意了,我们要起飞了!"

一阵海风吹来,大气球带着小汽车升上了天空。

"飞起来啦!"大眼妞激动地叫起来。

"哪来的气球?"橡皮猴追问道。

大嘴蛙涨红了脸:"从小男孩房间里拿的。"

"你这是小偷行为!"橡皮猴一下子就把大嘴蛙判成了小偷。

"我不是故意要偷的,我想当飞行员。"大嘴蛙含着泪,说出了自己的理想。

"大嘴蛙哥哥,别难过,你一定会实现自己的理想。"大眼妞安慰道。

"别吵了,我们要着陆了。"钢铁侠把气球里的气放掉了一些,小汽车成功着陆在公园里的一块草坪上。

"太刺激了!"四个小家伙为刚才的成功脱险长长地舒了口气。

"累死我了。"橡皮猴把汽车开进了一处花丛中,四个小伙伴都进入了梦乡。

突然,汽车剧烈地晃动起来,橡皮猴睁眼一看,"妈呀!"汽车外黑压压的一片,全是各种昆虫,他们爬上汽车车顶,央求道:"救救我们,带我们走吧!"

橡皮猴心疼自己的汽车,他跳下车:"快下来!汽车超载了,轮胎都快被压爆了。"

经过一番交谈,四个小伙伴得知,这些昆虫是这个公园的常住居民,本来生活过得十分幸福,可从今年开始,每隔三个月就会有人前来灭一次虫,昆虫们死伤无数。

"太可怕了,那毒雾一来,闻着就死,碰着就伤。"昆虫们不知那是灭虫药。

"太可怜了,我们必须救救这些昆虫。"大眼妞眼泪止不住地往下流。

"帮这么多昆虫搬家,太难了。"橡皮猴挠了挠头,显得十分为难。

"你们知道灭虫的是哪个部门的吗?"大嘴蛙问道。

"是绿化局的。"蟋蟀跳了出来,说道,"我看到他们汽车上的字了。"

"你问这个有什么用?局长又不听你的,说不让来,就不来了?"钢铁侠嘲讽道。

"要想让他们不来,也不是没有办法。"大嘴蛙显得挺有信心。

"什么办法？说来听听。"大伙都看着大嘴蛙。

"只要让他们知道这里没有昆虫了，他们肯定就不会来了。"大嘴蛙说出了自己的想法。

"可如何告诉他们呢？"大眼妞问道。

"打电话。"橡皮猴对人类的行为好像特别了解。

"可我们不会说人类的语言啊。"橡皮猴又蔫了。

"不用说话，只要我对着话筒乱叫一通，他们就明白了。"大嘴蛙笑道。

"对！这里如果有青蛙，哪里还会有大量昆虫呢？"橡皮猴似乎明白了大嘴蛙的意思。

"谁知道绿化局的电话号码？"大嘴蛙大声询问道。

"我知道。"一只七星瓢虫轻声答道，"上一次我听到灭虫的大胡子考他儿子，说他单位的电话号码是一个七位数，前三个数字相同，和是18；后四位数中，后面一个数字都是前一个数字的2倍。"

所有昆虫都不知如何解答，橡皮猴好像也被难住了，急得直抓脑袋。

"我知道答案了。"关键时候还是大眼妞能顶上，她说，"是6661248。"

大伙问道："你是怎么知道的？"

大眼妞解释道："前三个数字相同，和是18，根据 $3 \times 6 = 18$，可以知道前三位都是6；后面四位，后面一个数字是前一个数字的2倍，那第四位数字只可能是1，所以最后三位就是

2、4、8。"

"嗨哟……"一群屎壳郎从花丛中滚出了一枚硬币,"打公用电话得用钱。"

大嘴蛙再一次吹足了气球,气球带着他升到了公园里的一个电话亭里。

"话筒太沉了,我拿不动。"大嘴蛙费了九牛二虎之力也没拿动话筒。

"不用拿话筒,按一下免提就行了。"橡皮猴在电话亭下边给大嘴蛙支着儿,他可是号称"人类通"。

电话终于打通了。大嘴蛙对着电话一阵乱叫,那声音好响,这是大嘴蛙第一次这么痛快地唱歌。

电话那边传来了回音:"公园里的青蛙可真多,看来我们不需要去打灭虫药水了。"

"成功了!"大伙兴奋得抱着大嘴蛙又叫又跳。

大嘴蛙也第一次感受到了当"大英雄"的感觉。

【挑战自我10】

小林家的电话号码是七位数,其中前面四位是3275,后面三位数是从小到大的连续自然数,且这三个数之和等于最后一位数字的2倍加2。小林家的电话号码是多少?

路线之争

夜晚降临了,"嘀嘀答、嘀嘀答……"昆虫们举办了一场盛大的晚会。

蟋蟀弹起了心爱的琵琶;萤火虫们手拉手照亮了舞台;蝉也鼓足了劲,唱起了最拿手的那支歌。

大嘴蛙是功臣,他胸戴大红花,在舞台中央唱着歌。橡皮猴原本最讨厌大嘴蛙呱呱乱叫,今天他听着却十分悦耳。

大家正开心地玩着,钢铁侠提醒道:"乘着夜黑,我们必须赶到玩具博览会。"

这时一只老金龟子上前询问道:"你们从哪来?为什么要去玩具博览会?"

大眼妞把他们出逃的经历和昆虫们说了一遍。

金龟子:"那你们知道玩具博览会的会场在哪里吗?"

大眼妞摇了摇头说:"不知道。"

金龟子对其他昆虫说:"我们必须帮助恩人探明到达玩具博览会场的路线。"

蜻蜓、蜜蜂、蝴蝶……许多昆虫自告奋勇地说:"我们去探明路线。"

几个小时后,探路的昆虫都陆续飞回来了,金龟子按昆虫们汇报的路线,制成了一张路线图:

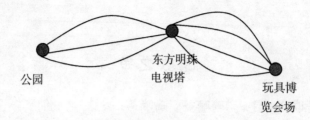

公园　东方明珠电视塔　玩具博览会场

"哇,这么多条路线,我们该走哪一条呢?"橡皮猴直挠脑袋。

"走我探明的路线!""走我设计的路线!"……昆虫们争执起来,都希望走自己探明的路线。

金龟子笑着对争执不下的昆虫们说:"那你们谁能算出从公园经过东方明珠电视塔到玩具博览会场一共有几种不同的走法吗?"

"4种。""不对,应该有 3 + 4 = 7(种)。""不对,应该有……"

所有的昆虫都说不清一共有多少种不同的走法。

大眼妞:"应该有12种不同的走法。"

"不可能,怎么会有这么多种走法呢?"橡皮猴第一个反对,作为司机,他最讨厌复杂的路线。

大眼妞解释道:"从公园选择其中一条路到东方明珠塔,从东方明珠塔有4条路通往玩具博览会场,所以一共有4种走法;如果从公园换一条路到东方明珠塔,也有4种走法到玩具博览会场,所以一共有 3 × 4 = 12(种)不同的走法。"

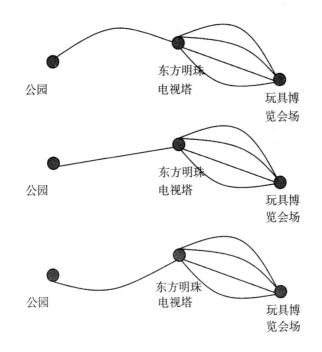

橡皮猴指着路线图说:"中间这条路应该是最短的。"

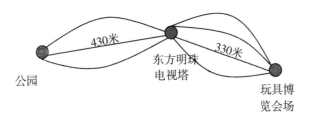

大嘴蛙:"那你算算,我们需要多长时间才能到达会场?"

橡皮猴在地上列了个算式:总路程是 430 + 330 = 760(米),小汽车每分钟能行驶 8 米,一共需要 760 ÷ 8 = 95(分钟)。

橡皮猴:"现在是凌晨 3:25,不出意外的话,我们能在凌晨5：00赶到玩具博览会场。"

钢铁侠又一次发号施令："上车，我们出发。"

夜深人静，马路上的汽车也很少，橡皮猴把汽车开到了马路中央。

突然，前方一道刺眼的灯光照射过来。"快躲开！"大眼妞提醒道。

橡皮猴把汽车开到路边停了下来，正好停在一个下水道的旁边。

大汽车开近了，四个小伙伴这才发现是一辆洒水车，它喷出的水柱十分有力。

"快把汽车开走，不然我们会被冲进下水道的！"钢铁侠的提醒晚了一步，强劲的水柱把四个小伙伴连同小汽车一起全冲进了下水道。

幸亏钢铁侠眼疾手快，他跳出小汽车，一手抓住了下水道口的一根钢筋，一手拉住了橡皮猴，橡皮猴拉住了大嘴蛙，大嘴蛙拉住了大眼妞。

四个小家伙从下水道爬了出来，大眼妞看了看自己，顿时嚎啕大哭："脏成这样，哪个小朋友也不会要我了。"

寻找新主人的希望破灭了，四个小家伙互相搀扶着向玩具博览会场走去。

【挑战自我11】

小红有2顶不同的帽子、3条不同的裙子,还有2双不同的皮鞋,每种选一样,她一共有几种不同的穿戴方法?

大结局

"看,前面就是玩具博览会场!"橡皮猴第一个发现了目的地,激动得叫了起来。

博览会广场张灯结彩,广场中央的喷水池射出高高的水柱,水底的彩灯发出瑰丽的光芒,水池后面是一座宏伟的建筑。

四个小伙伴来到会场大门前,透过玻璃大门,他们被眼前的一切惊呆了:会场布置得十分漂亮,每个展览厅都是缩小型的童话城堡,有格林童话城堡,还有迪士尼乐园……

"这些小城堡正好适合我们居住。"橡皮猴特别想在城堡里好好地睡上一觉。

"白雪公主的裙子好美啊!"大眼妞做梦都想有一件镶着宝石的裙子。

"我们如何才能进去?"大嘴蛙的叫声惊醒了他俩的美梦。

"从通风管、排水管都能进去。"橡皮猴历来鬼点子最多。

四个小伙伴刚从通风管爬进展览大厅,突然响起了警笛声,原来玩具城里的玩具卫兵发现了他们。

"快躲起来!"橡皮猴最机灵,躲进了一个城堡里;大嘴蛙跳上了城墙;钢铁侠为了保护大眼妞没有逃走。

"你们是谁?为什么擅闯玩具王国?"卫兵们将他俩团团围住。

"我是钢铁侠,来玩具展览馆寻找新主人的。"钢铁侠举起他的假臂,防备这些卫兵对大眼妞动粗。

"我看他们不像坏人。"一个卫兵对他们的将军说道。

"把武器交出来。"将军命令道。

"我没有武器,这是我的假手臂。"钢铁侠可不想把自己好不容易得到的手臂交了。

"好臭啊!"来搜身的士兵捂着鼻子。

"原来是垃圾玩具,必须把他们赶出玩具王国!"将军第二次下令。

钢铁侠怒了,抬手就扫射,玻璃弹珠打倒了前面一排士兵。玻璃珠打在身上很疼,但不会致死。

"退后!不然我就换钢珠了!"钢铁侠怒吼道。

这时橡皮猴不知从哪弄了辆玩具小汽车,开了过来:"快上车!"

一阵急促的马蹄声从不远处传来:"抓小偷!抓凶手!"原来将军调来了皇家马队,一场激战不可避免。

皇家马队都是高头大马,装备精良,骑兵们挥舞着闪光的马刀,呼喊着冲向他们。

"包围起来!"将军坐在一匹高头大马上叫嚷道。

皇家马队立刻围成了内外两层的长方形阵。

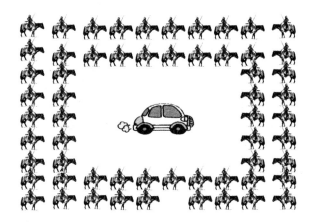

"数数看,有多少骑兵?"大嘴蛙担心敌人兵力太多。

橡皮猴:"内层长有8名,宽有7名,所以内层有(8+7)×2=30(名),外层有(10+9)×2=38(名)。一共有68名。"

大眼妞:"不对。你把每个角的骑兵算了2次,所以内层应该是26名,外层是34名,一共60名骑兵。"

"哇,60名骑兵,我们4个平均每人要对付15名。"大嘴蛙泄气了。

"不用你们动手,我自己就能摆平他们。"橡皮猴在关键时刻又想出了妙计。

"坐稳了!"橡皮猴开足马力,准备硬冲。

橡皮猴按着喇叭,战马受到惊吓,乱作一团,橡皮猴乘机冲出了包围圈,向古堡快速驶去。皇家马队紧追不舍。

"当心,前面有护城河!"大眼妞提醒道。

"今天让你们看看什么叫'落汤马'。"橡皮猴仍不减速,皇家马队眼看就要追上了。橡皮猴在汽车快要冲进护城河的一刹那，猛踩刹车，汽车来了个90度大旋转。

皇家马队哪知橡皮猴有这一招，个个来不及停下来，连人带马冲进了护城河。

这时，玩具展览馆开门了，许许多多的小朋友冲了进来，他们在玩具王国里挑选着自己喜欢的玩具。

到了傍晚，所有没被选中的玩具都被打包送回厂家，而橡皮猴他们四个由于全身又脏又臭被扔进了垃圾箱。

"完了，这下彻底完了！"大嘴蛙第一个哭了起来。

"我们肯定会被送到垃圾填埋场。"大眼妞哭得更伤心了。

这时一只小手伸进了垃圾箱："奶奶，垃圾箱里有四个玩具，我想把他们带回家。"

一个可爱的小男孩小心翼翼地拿出四个小家伙。

"孩子，奶奶买不起新玩具，这四个玩具洗干净，可以做你的小玩伴了。"

"我有玩具喽！"小男孩十分开心。

晚上，被洗得干干净净的大眼妞、大嘴蛙、橡皮猴、钢铁侠躺在小男孩的床上，甜甜地进入了梦乡。

【挑战自我12】

一个空心方阵，最外层有52人，最内层有28人，这个方阵共有多少人？

鼠王国历险记

鲁比是一名四年级的小学生,他酷爱数学。他得知自己的数学书被鼠国王偷走了,便和土地爷爷乔装打扮成老鼠的样子,潜入鼠王国,破解了一个个数学机关,成功地拿回了自己的数学书。

偷书鼠

鲁比是一名小学生,最近他发现有个奇怪的现象,他的学习用品和数学方面的书籍经常莫名地不见了。为了抓住小偷,一天晚上,他假装睡着了,不一会儿,一群老鼠押着一个小老头来了,只见小老头拿出一瓶药水倒在他的数学书上,那书立刻就变小了。鲁比一个鲤鱼打挺站起来,呵斥道:"小偷哪里跑!"那群老鼠吓得四处乱窜,把小老头扔在那里,自个儿跑回洞里去了。

鲁比对着小老头责问道:"你是谁?你怎么帮老鼠偷我的数学书?"小老头委屈地说道:"我是这里的土地神,不小心被老鼠精捉住了,是他们让我来偷数学书的。"

鲁比好奇地问道:"土地爷爷,你还斗不过一群小老鼠?"

土地爷爷叹了口气:"唉,这帮小老鼠个个都精通数学,他们的鼠国王还到处设数学陷阱,上次我就是被他的陷阱给困住了。"

鲁比更好奇了,问道:"是什么数学陷阱?说来听听。"

土地爷爷红着脸说:"那次我闻到烤鸡的味道,循着味来到鼠国王的厨房,可当我吃完鸡后发现门关起来了,门上有几排数字,叫填上"+""-""×""÷""( )",使等式成立。我土地爷平时只研究吃,从没研究过数学,没办法,只能

答应鼠国王,帮他偷数学书抵债。"

鲁比是个数学迷,说:"土地爷爷,你还记得那些数字吗?"

土地爷爷想了想说:"记得,那些数字很好记。"

1　　2　　3　　4　　5 = 10

1　　2　　3　　4　　5 = 10

1　　2　　3　　4　　5 = 10

1　　2　　3　　4　　5 = 10

鲁比笑道:"土地爷爷,这题目不难,你这么想就简单了:(　) +5 = 10,(　) −5 = 10,(　) ×5 = 10。"说完鲁比就把结果告诉土地爷了。

(1 + 2) ÷ 3 + 4 + 5 = 10

(1 + 2) × 3 − 4 + 5 = 10

1 + 2 + 3 × 4 − 5 = 10

(1 × 2 × 3 − 4) × 5 = 10

土地爷爷一听,称赞道:"好聪明的孩子。有没有胆量和爷爷一道去闯一闯老鼠王国?"

"行。我还得把我的数学书和学习用品拿回来呢!"

【挑战自我1】

在各数中间添加"+""−""×""÷"或"(　)",使算式相等。

4　4　4　4 = 0　　　4　4　4　4 = 1　　　4　4　4　4 = 2

4　4　4　4 = 3　　　4　4　4　4 = 4　　　4　4　4　4 = 5

智取地图

鲁比跟着土地爷爷来到老鼠洞前,疑惑地问道:"土地爷爷,这么小的洞我怎么才能钻进去呢?"土地爷爷笑着从口袋里拿出一瓶药水说道:"你忘记我有缩小的药水了吗?"说完,只倒了一滴药水在鲁比的手上,鲁比就立刻缩小成只有五六厘米高的小人儿了。

鲁比和土地爷爷钻进老鼠洞,没想到小小的老鼠洞内洞中有洞,道路曲折复杂,就像一个迷宫。鲁比担忧道:"我们这么瞎碰乱撞,怎么才能找到我的书呢?"土地爷爷一拍脑袋:"有办法了!"

"什么办法?"鲁比激动地问道。

土地爷爷说:"这么复杂的地洞,老鼠们一定每家每户都有地图,我们现在就去偷一幅地图。"

他们来到最近的一只老鼠家,鲁比从口袋里拿出几块巧克力放在门口,只见那老鼠闻到巧克力的香味后立刻就出门寻找。鲁比和土地爷爷乘机溜进了屋内,但他们找遍了整个房间,也没有发现地图。"真倒霉,地图一定在老鼠身上!"土地爷爷懊恼地说道。

这时鲁比发现墙壁上有一个奇怪的图案:

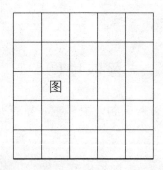

旁边还有一行字：图中有"图"的正方形有（　　）个。

土地爷爷一看乐道："这也太简单了，有字的正方形不就1个吗？"说完就要去填数字。

鲁比连忙拉住土地爷爷说："不对。你刚才只算了单个的正方形，这个问题应该还包括几个小正方形组成的大正方形。"

土地爷爷问道："什么大正方形？我怎么听不懂啊？"

鲁比解释道："土地爷爷你看，4个小正方形也能组成一个大正方形，9个、16个、25个小正方形也能组成一个大正方形。"

土地爷爷恍然大悟："我明白了，那你快数数一共有多少个。"

"1个正方形中有字的有1个，4个正方形中有字的有4个，9个正方形中有字的有6个，16个正方形中有字的有4个，加上最大的1个正方形，一共有16个。"

土地爷爷填上"16"后，墙壁上出现了一个洞，他俩果然从洞里面找到了地图，然后赶紧离开了。

【挑战自我2】

数一数下图中共有几个三角形。

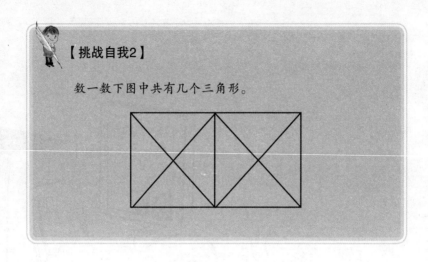

大门密码

鲁比和土地爷爷得到地图后,找了处隐蔽的地方打开,研究起路线来。

土地爷爷一心想吃烤鸡,决定到鼠王国的厨房去,而鲁比想尽早拿回自己的数学书,要到鼠国王的宫殿去,两人各持己见。

"我们先去厨房,听说鼠国王又偷了一批鸡,我想吃烤鸡。"

"不行,先拿到数学书再说。"

最后鲁比答应拿回书后请土地爷爷吃"全聚德烤鸭",土地爷爷才答应先陪鲁比去宫殿拿书。

土地爷爷提醒道:"灰色的是建筑,这红色的圆点是鼠王国的城防哨所。"鲁比惊叹道:"这鼠王国的城防可真够严密的!"经过仔细的察看,鲁比终于找到了一条安全的路线,并在地图上做了标记。

鲁比和土地爷爷按既定的路线来到鼠国王宫殿,发现正前门有卫兵把守,他们只能来到后门。鲁比看着厚厚的大铁门问道:"土地爷爷,这个门怎么没有钥匙孔?"

土地爷爷神秘地轻轻拍了三下门后,大铁门上出现了一个算式:768、192、48、12、(　)。

土地爷爷对鲁比说:"鲁比,你数学好,你来解吧,这就是开门的密码。"

鲁比这下相信了,这个鼠国王果然是个数学迷,连开门密码也是数学题。如果不懂数学知识,在鼠王国可是寸步难行啊。

土地爷爷见鲁比在发呆,催促道:"鲁比,想什么呢?快点解开数学题,过会儿卫兵就要来了。"

鲁比只看了一眼,就在括号里填上了"3",铁门打开了。土地爷爷竖起大拇指称赞道:"鲁比,你可真行!能教教我吗?"

鲁比不屑地说道:"这种小儿科的规律题太简单了。每个数都是后面一个数的4倍,所以只要用前面一个数除以4,就能得到后面一个数了。"

【挑战自我3】

按规律填数：

1、2、6、24、120、(　　)、(　　)

5、12、10、10、15、8、(　　)、(　　)

卫兵的盘问

鲁比和土地爷爷进入宫殿后，发现宫殿里到处都有卫兵把守，土地爷爷把鲁比拉到墙角边，从口袋里拿出两个毛茸茸的皮囊，说道："快穿上。"

一股恶臭迎面扑来，鲁比连忙捏着鼻子问道："这是什么？怎么这么臭？"

土地爷爷笑道："这是老鼠皮，我们只有穿上它，才不会被发现。"

鲁比和土地爷爷穿上老鼠皮，变成了一胖一瘦两只小老鼠，如果不仔细看，还真看不出来。他俩刚走几步，就听到背后传来一声大喝："站住！"只见一个尖嘴卫兵站在他们身后，恶狠狠地盯着他俩说："这是鼠国王宫殿，平民是不准进入的！"

眼尖的鲁比看到宫殿里挂着横幅，上面写着"数学擂台大奖赛"，便理直气壮地说："我们是来参加数学擂台赛的。"

尖嘴老鼠卫兵嘲笑道:"哈哈……就凭你们也来参加数学擂台赛?我看你们连我出的题也不一定能答得上来。"

鲁比自信地说:"'没有金钢钻,不揽瓷器活。'有什么问题你问吧。"

尖嘴老鼠的眼睛贼溜溜一转说:"先来个简单的智力题。一只老鼠身高8厘米,掉入平均水深6厘米的池塘里,一定不会被淹死。"

鲁比脱口而出:"错。平均水深6厘米,并不表示这个池塘每个地方都是6厘米深,所以这只老鼠有可能被淹死。"

尖嘴老鼠见鲁比果然机智,又出了一道题:"有7个数的平均数为8,如果把其中的一个数改为1,这时7个数的平均数是7,那这个被改动的数原来是几?"

鲁比想了想说:"这个数原来是8。"说完就大摇大摆地走了。

尖嘴老鼠愣在那里,自言自语道:"没想到我们鼠王国还有这么聪明的老鼠。"

土地爷爷小声地问道:"鲁比,你是怎么求出来的?"

鲁比解释道:"原来7个数的平均数为8,那这7个数的总和为56;改动后平均数为7,总数变为49。前后总数相差7,说明原数比1多了7,所以那个改动的数原来应该是7+1=8。"

【挑战自我4】

红红和晴晴的平均体重是32千克,加上明明的体重后,他们的平均体重增加了1千克。明明的体重是多少千克?

数学擂台

鲁比和土地爷爷来到数学擂台前,只见一个长着长胡子的老鼠宣布:"各位鼠王国的臣民们,我们的国王为了招贤纳士,选拔青年才俊,特举办数学擂台大奖赛,凡是获胜者都将被委以重任。"

只见所有的老鼠都摩拳擦掌、跃跃欲试。

"别啰唆了,快点开始吧,我就想当个管理厨房的官。"土地爷爷有些不耐烦了。

长胡子老鼠清了清嗓子说:"请上第一题。"只见一只小老鼠托着一盒蛋糕走上台,蛋糕上还插着3根生日蜡烛。

"不会是让我们比赛吃蛋糕吧?我吃蛋糕的速度可是第一名。"一只大肚子老鼠笑道。

"这个蛋糕是我们鼠卫兵从一个小女孩家偷的,她今年正好满12岁,可是她只过了3个生日,为什么?"托着蛋糕的老鼠话音刚落,老鼠们争先恐后地报出自己的答案:"她忘记过生日了!""她没有买到生日蛋糕,所以没有过生日!""她是孤儿!"……千奇百怪的答案层出不穷,气得长胡子老鼠的胡子直翘。

鲁比跳上台,说道:"我知道。这个小女孩是2月29日出生的,由于每4年才有1次2月29日,所以12岁才过了3个生日。"

长胡子老鼠捋着胡子点了点头说:"回答正确。请上第二题。"

一只小老鼠拿出一张照片,介绍道:"这个小女孩叫甜甜,另一个是她妈妈。妈妈今年36岁,正好是甜甜年龄的6倍。你们知道多少年后,妈妈的年龄是甜甜的4倍吗?"

题目一出,所有的老鼠都忙开了,有的掰手指,有的列算式……鲁比脱口而出:"4年后,妈妈的年龄是甜甜的4倍。"老鼠们都很钦佩鲁比的表现,要求他说一说是怎么算的。

"妈妈今年36岁,是女儿的6倍,所以女儿今年6岁,两人相差30岁。几年后,她们仍相差30岁,而相差的倍数却成了4倍,所以30÷(4-1)=10(岁)。计算得出女儿10岁时,也就是4年之后,妈妈的年龄是女儿的4倍。"

在接下来的几道考题中,鲁比均表现出众。

最后,长胡子老鼠公布了比赛结果:"现在我宣布:今天的擂主是这只叫鲁比的小老鼠。现在我代表国王授予他鼠国爵士金章,今后他将能自由出入国王宫殿,担负鼠国重任。"

【挑战自我5】

女儿今年3岁,妈妈今年33岁,几年后,妈妈的年龄是女儿的7倍?

无尾鼠将军的毒酒

鲁比打赢了数学擂台赛,获得了鼠国爵士金章,招来许多鼠国大臣的嫉妒。其中有一只没有尾巴的鼠将军最不服气,他傲慢地说:"想当年我带领鼠兵东征西战,连尾巴都被猫咬断了,也没有得到爵士金章;这只小老鼠刚来,就凭借一点小聪明爬到我的头上了,真是气死我了!"

"将军,您别发火,我们找个机会干掉他!"一只尖嘴老鼠提议道。

于是一群老鼠聚在一起,商议如何干掉鲁比。最后他们达成一致:先宴请鲁比,然后在宴会上施计毒死鲁比。

第二天,鲁比收到请柬,他被邀请参加无尾鼠将军的生日宴会。鲁比明知其中有诈,也只能硬着头皮参加。在宴席上,无尾鼠将军首先发言道:"今天要感谢鲁比爵士光临我的生日宴会。请大家一起举杯,祝贺我们的鲁比爵士!"

这时,鲁比发现自己面前的13杯酒摆成一个圆形,尖嘴老鼠阴阳怪气地说:"鲁比爵士聪明过人,今天我们出一道题考考你。在你面前有13杯酒,其中12杯是毒酒,只有1杯是无毒的好酒。这杯无毒酒的位置是这样的:你先把唯一的花杯子中的酒倒掉,然后顺时针隔一杯倒掉一杯酒,最后剩下的一杯酒就是无毒酒。"

鲁比刚想开始倒,尖嘴老鼠补充道:"鲁比爵士,时间可有限,我们数到10,你必须找到这杯酒。"

"1、2、3、4、5……"说完老鼠们就数了起来。

鲁比不假思索地端起从花杯酒开始数的第10杯酒,说道:"我先敬大家!"说完一口气喝完。

无尾鼠将军见鲁比端起的那杯正好是无毒酒,气得胡子直翘。土地爷爷在一旁吓出一身冷汗,悄悄地问道:"鲁比,你可真行!能教教我吗?"

鲁比用手指蘸了点酒,在桌上画了个图说:"你自己研究。"

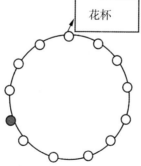

土地爷爷在图上按要求一一划去,果然第10杯是无毒酒。

【挑战自我6】

有一列 1000 人的队伍,他们从前往后呈一字排列。从前往后 1、2 报数,然后让报 1 的人退出;接着再从前往后 1、2 报数,还是让报 1 的人退出;从第三次开始,每次报数后一律让报 2 的人退出,最后剩下的是第几个人?

军粮

上次无尾鼠将军的毒酒计划没有成功,反倒落下个让人取笑的把柄。

"此仇不报,我誓不罢休!"无尾鼠将军在他的军营里发誓。"将军,什么事把您气成这样?"独眼军师讨好地问道。

无尾鼠将军恶狠狠地说:"就是那个鲁比,成天和我过不去!我一定要想办法除掉他,把他的爵士金章抢过来。"

这个独眼军师一肚子坏水,只见他那独眼转动了几下,贴近无尾鼠将军的耳朵,说了几句悄悄话。刚刚还在发火生气的无尾鼠将军立刻笑了起来:"好办法,这事就由你去操办!"

第二天,独眼军师以邀请鲁比参观军营为由,把鲁比骗到军营。当他们来到军粮供给处时,军师哭了起来。

鲁比不知有诈,关心地问道:"军师为什么哭啊?"

独眼军师边哭边说:"我们将军让我在规定时间内完成一

批军粮的加工任务,可我怕完不成任务,那可是要杀头的!"

鲁比问道:"说来听听,也许我能帮你。"

独眼军师见鲁比上钩了,连忙说道:"我们后勤供给处一只老鼠一天只能加工 8 千克粮食,将军今天命令我完成一项任务,我一算要 30 只老鼠用 8 天才能完成。可将军偏让我用 6 天完成,人员由我挑,但有一个条件就是,6 天后必须正好加工完这批粮食,否则军法处置。"

热心的鲁比拍着胸脯说:"这事包在我身上。"

躲在一旁的无尾鼠跳出来说道:"好!这事就包给你。如果你不能按要求完成任务,就军法处置!"

鲁比这才明白中了圈套。不过他仔细一想,自信地回答道:"一言为定!"

鲁比挑了 40 个身强体壮的老鼠士兵,不多不少正好用 6 天时间完成了这批军粮的加工任务。

事后,土地爷爷问鲁比为什么这么自信,鲁比说:"一只老鼠一天加工 8 千克,那 30 只老鼠 8 天就能加工 $8 \times 30 \times 8 = 1920$(千克),现在只许用 6 天,所以需要 $1920 \div 8 \div 6 = 40$(只)老鼠,于是我挑了 40 个士兵。"

这一次,无尾鼠将军的如意算盘又落空了。

【挑战自我7】

加工一批零件,每人每天生产 30 个,100 人 20 天正好完成。现在要求 12 天完成,每人每天必须多生产多少个?

运军粮巧除无尾鼠

无尾鼠将军把鲁比当作眼中钉,时时刻刻都想除掉鲁比夺回爵士金章。他三番五次地找鲁比的麻烦,而且还派卫兵监视鲁比的一切行动,这给鲁比拿回失窃的数学书带来了麻烦。鲁比心想,不想法除掉这个难缠的无尾鼠,自己的寻书计划就会落空。

一天,鲁比和土地爷爷主动来到军营转悠,无尾鼠将军碍于鲁比是国王亲封的爵士,不敢明目张胆地将他杀害。于是他又生一计,想以延误军机为由,将鲁比军法处置。

"亲爱的鲁比爵士,我现在又有一事相求,还请你帮忙解决。"无尾鼠将军假惺惺地说道。

"将军请说,我一定鼎力支持。"鲁比说道。

无尾鼠将军说道:"上次那批 1920 千克的军粮,我想运送到 3 个仓库中去。一号仓库比二号仓库多存 60 千克,二号仓库比三号仓库多存 60 千克,你说该如何分配呢?"

鲁比笑道:"把 1920 平均分成 3 份,1920÷3 = 640(千克),那一号仓库就放 640 + 60 = 700(千克),二号仓库放 640(千克),三号仓库放 640 - 60 = 580(千克)。"

无尾鼠见没有难住鲁比,只好按要求把粮食装上马车。鲁比、土地爷爷、无尾鼠将军、军师都坐在马车上。

无尾鼠将军坐在马车上,暗暗得意,心想:一到仓库,我就编个罪名将鲁比处死。

鲁比给土地爷爷使了个眼色,土地爷爷掏出缩小药水倒了一点在马车的一个轮子上,马车立刻失去平衡,翻倒在地。鲁比和土地爷爷早有准备,飞身跳下马车。而无尾鼠将军和军师一点心理准备也没有,全被压在马车底下,重重的军粮把这两个坏家伙压成了肉饼。

鲁比上报鼠国王,说在运粮途中,无尾鼠将军和军师不幸遇难。鼠国王不但没有怪罪鲁比,还夸他身手敏捷,又对他委以重任。

【挑战自我8】

在一条公路上,每隔50千米有一个仓库,共有5个仓库:一号仓库存有10吨货物,二号仓库存有20吨货物,五号仓库存有40吨货物,其余两个仓库是空的。现在想把所有货物集中放在一个仓库里,如果每吨货物运输1千米需要1元运费,那么最少要花多少运费?应该集中放在哪个仓库里?

鲁比将军

无尾鼠将军死了之后,鼠国王想任命一个亲信来担任鼠国将军这一要职。可是选谁比较合适呢?鼠国王经过再三考虑,决定让鲁比来试一试。

一天,鲁比接到鼠国王的命令,让他去军营分发军装。当鲁比来到军营时,鼠兵们正在列队排练,几百只老鼠排成空心方阵,动作整齐划一。突然,从方阵中间传来鼠国王的声音:"鲁比老弟,请进阵细谈!"话音刚落,密不透风的方阵打开了一个口子,鲁比进入了空心方阵的最里面。

鼠国王笑脸相迎,问道:"鲁比,你看我鼠国的军队如何?"

鲁比迎合鼠国王的心意答道:"训练有素。请问士兵们排的是什么阵势?"

鼠国王自豪地说:"这是空心方阵。你可别小看这阵势,它有两大作用:一是围攻,二是守卫。上次我们就用这种方阵,打败了一只山猫。"

鼠国王问道:"鲁比,我准备给方阵的每个士兵发一套军装,你说我得准备多少套军装呢?"

鲁比知道鼠国王在出题考验他,他环视了一下四周,说道:"国王,您得准备352套军装。"

鼠国王见鲁比如此之快地算出方阵的总士兵数,感到很奇

怪，问道："鲁比，你是如何知道总数的？"

鲁比笑道："很简单。空心方阵的最里面一层，每边有20个士兵，(20-1)×4=76（只）。因为方阵每向外一层，每边就多出2只，而我刚才进入方阵时，发现里外一共有四层，所以从外向里数，第三层士兵有（20+2-1）×4=84（只），第二层有（20+2+2-1）×4=92（只），最外面一层有（20+2+2+2-1）×4=100（只）。四层加起来一共有76+84+92+100=352（只）。而且我在计算时，还发现方阵每向外一层就增加8只，也可以这样算：76+（76+8）+（76+8+8）+（76+8+8+8）=352（只）。"

鼠国王听鲁比一说，更加相信自己的选择没有错，他对鲁比说："这次我不仅准备了352套士兵装，还给你准备了一件。"说完，鼠国王拿出一件将军装，披在鲁比身上，笑着说："鲁比老弟，今后你就是我鼠国的将军！"

鲁比可不想当什么鼠国将军，他一心想着拿回自己的数学书。不过当了将军后，就更有机会进入皇宫，拿回自己的东西，早点离开这是非之地了，所以他欣然接受了鼠国王的任命。

【挑战自我9】

小红用棋子排成一个四层的空心方阵，最内层每边有5枚棋子，求这个空心方阵共有多少枚棋子。

鲁比调兵遣将

鲁比在当鼠国将军之前，好几次想进入皇宫拿回他的数学书，可皇宫戒备森严，每次他都失败了，于是他想把皇宫附近和皇宫内的一部分鼠兵调离。

一天，鲁比派土地爷爷叫来了鼠军的两位副将军，共同商谈鼠国的防卫工作。鲁比问道："两位副将军，你知道我们鼠国共有多少士兵吗？"其中一位副将军说："我们鼠国共有352名士兵，分为三个警备队，第一警备队负责皇宫的守卫，第二警备队负责鼠国大门的守卫，第三警备队负责鼠国后门的守卫。"鲁比又问道："士兵是如何分配的？"另一位副将军心想，你鲁比没有任何战功，全凭国王的赏识才当上将军的，现在我也来难为你一下，于是说道："各警备队有多少名士兵我也记不清了，只知道第一警备队士兵的数量是第三警备队的5倍，第二警备队士兵的数量是第三警备队的2倍。"

鲁比心算了一会儿，说："第一警备队有220名士兵，第二警备队有88名士兵，第三警备队有44名士兵。"

两位副将军愣住了，没想到鲁比这么快就知道了各警备队的士兵数量。

鲁比抓住两位副将军想当大将军的心理，对鼠国防卫作了调整，说道："我们现在必须加强对外防卫，所以我决定，两位副将军分别率领第一和第二警备队防守鼠国大门和后门,我率领第三警备队防守皇宫。"

两位副将军一听,心里暗暗高兴,因为这样他们手中的士兵数比大将军手中的士兵数还要多,便满口答应了。

两位副将军带领第一和第二警备队走了以后,土地爷爷责怪道:"鲁比,哪有你这么当将军的?如果再来个副将军,你就成光杆司令了。"

鲁比笑道:"我这么一分配,那守卫皇宫的士兵数就少了,这样我就可以早点拿到我的数学书了。"

"哦,原来是这么回事。"土地爷爷恍然大悟。

"鲁比,你刚才是怎么算出各警备队的士兵数量的?"土地爷爷问道。

鲁比解释道:"我把第三警备队的士兵数量看作1份,那第一警备队就有5份,第二警备队就有2份。352÷(1+2+5)=44(名),再用44×2=88(名),44×5=220(名)。"

【挑战自我10】

有红、黄、蓝三种气球共325只,红气球的只数是黄气球的3倍,蓝气球的只数是红气球的3倍,这三种气球各有多少只?

扩建浴池

鼠国王听说护卫皇宫的警备队由原来的 220 名士兵缩减成 44 名士兵,很不开心,于是派人去叫鲁比。

土地爷爷吓得直哆嗦:"这可怎么办?弄不好会被杀头的。"

鲁比知道这事很棘手,便附在土地爷爷的耳边说了几句悄悄话,土地爷爷一听喜上眉梢,拍着胸脯说:"这事包在我身上!"

鲁比独自一人来到皇宫,鼠国王斥责道:"鲁比,我对你不薄,你为什么调走我的皇宫警备队?"

鲁比不慌不忙地说:"国王息怒。鼠国最大的危险来自城外,而不是城内,我把大量士兵调到易守难攻的鼠国洞口,就是为了更好地保护鼠国的安全,这样您在皇宫内就可以高枕无忧了。"

这时土地爷爷抱着一个大盒子跑了进来,鲁比打开盒子说道:"听说国王快要做寿了,鲁比特意提前送上贺礼。"

鼠国王一看,是一台电视机,他兴奋地跳了起来,称赞道:"还是鲁比了解我,最近我在皇宫里闷得发慌,现在可有事做了!"接着他命令道:"三天后,全国举行寿宴,我要让大伙都来看一看电视!"

鼠国王为了答谢鲁比,特意邀请他一起洗澡,鲁比心想:

我这身假老鼠皮一浸水,那不就露出马脚了?可是也没有别的办法,他只好跟着鼠国王来到浴池边。浴池是正方形的,四个角上各安了一个水龙头。

鲁比推托道:"国王,您的浴池太小了,容不下我们两个洗澡。"

鼠国王也觉得浴池有些小,便说:"那你就想办法,把我的浴池扩大一倍;但有个条件,就是浴池边上的四个黄金水龙头不能动。"

鲁比用手蘸了点水,画了个草图:

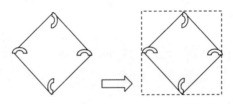

鲁比说道:"国王您看,这样一改,面积正好是原来的两倍,而且四个水龙头也不需移动。"

鼠国王一看,高兴地说道:"就按你的方案施工。"

鲁比乘机说要准备材料,急忙退出了鼠皇宫。

【挑战自我11】
　　有一个等边三角形的水池需要扩建,三角形水池的三个顶点处分别有一棵树,你能在不移动三棵树的情况下,把水池扩大到原来的四倍吗?

贺寿表演

鼠国王自从得到电视机后,一下子就被迷住了,而且衣食住行处处模仿人类的生活。

一天,鼠国王看到人类祝寿的场面,感到十分新鲜,立刻召见鲁比,吩咐道:"过几天就是我的生日了,你按人类祝寿的排场给我安排,我要在全国举行游行。"

鲁比心想,正好可以借祝寿的机会拿回自己的数学书,于是满口答应了。

鲁比立刻贴出告示:

> 各位鼠国臣民:
>   国王即将举行祝寿大典,现招募能吹拉弹唱的臣民若干,待遇优厚,报名从速!
>
>   祝寿大典筹备会
>   鼠年鼠月鼠日

没想到告示贴出不久,便有许多老鼠前来报名。鼠国王听说后也坐不住了,他和鲁比来到鼓手和吹号手的报名场地,鼠国王命令道:"会击鼓的举手!"一清点正好是20名。又说道:"会吹号的举手!"鼠国王一数,正好也是20名。于是他对鲁比说:"正好左右各20名。"鲁比看了一下报名表,吩咐道:

"再录取5名吹号手,或5名鼓手。"

鼠国王不解地说道:"再录用5名,那左右数量就不相等了。"

鲁比递过报名表说:"国王,刚才您统计了会击鼓的有20名,会吹号的也有20名,可报名表上只有35名,所以其中一定有20＋20－35＝5(名)既会击鼓又会吹号,所以必须再录取5名鼓手或吹号手,才能保证左右两边各20名。"

鼠国王装腔作势地说:"哈哈,我早知道了,我是特意考一考你的。"

接着他俩又来到轿夫报名处,鼠国王命令道:"要保证轿子的安全,前后左右各安排4名轿夫!"鲁比想教训一下这个自大的鼠国王,便吩咐道:"那就录取8名轿夫。"鼠国王一听连忙说:"不对,前后左右各4名,一共要16名轿夫。"鲁比画了一个图说:"国王您看,前后左右各4名轿夫,一共需要8名。"

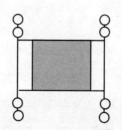

鼠国王无话可说了,可为了自己的安全,只好说道:"还是安排16名轿夫安全些。"

【挑战自我12】

某班有42名同学,会下象棋的有21名,会下围棋的有17名,两种棋都不会的有10名。两种棋都会下的有多少名同学?

扩建大广场

为了鼠国王的祝寿大典,鲁比带领仪仗队、歌舞队、彩车队进行了排练。可是这些队伍都是单独排练的,为了让各队伍的配合更加密切,鲁比建议把所有的队伍整合起来,到皇宫前的广场进行排练。

鲁比为了调走皇宫前的卫兵,说道:"国王,我建议把广场四周的岗哨全都拆除,这样广场会更大一些,能容纳更多的观众。"

鼠国王得意地说道:"皇宫前的广场是鼠国最大的广场。"

鲁比追问道:"有多大?"

鼠国王眼珠一转,笑道:"鲁比,我考考你,答出来就按你的方案办,答不出来岗哨就不能拆除。"

鲁比自信地说:"您问吧。"

鼠国王说:"皇宫前的广场正好是长方形的,如果长增加

5厘米，面积就增加300平方厘米；如果宽增加6厘米，面积就增加600平方厘米。你算算我的广场面积有多大？"

鲁比心想：广场的长和宽都不知道，如何求出面积呢？他在地上画了个图：

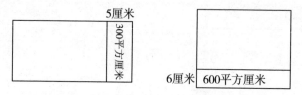

鲁比看着图想了想说："广场面积是6000平方厘米。"

鼠国王一听惊叹道："你是如何求出广场面积的？"

鲁比指着图说："长增加5厘米，面积增加300平方厘米，而增加的面积正好是个长方形，所以用300÷5=60（厘米），求出广场宽为60厘米；再根据宽增加6厘米，面积增加600平方厘米，用600÷6=100（厘米），求出广场长为100厘米；最后用长乘以宽，100×60=6000（平方厘米），得出广场面积为6000平方厘米。"

鼠国王称赞道："你果真是不可多得的人才。你能告诉我拆除广场四周岗哨的目的吗？"

鲁比心里一惊，没想到这鼠国王还挺小心，看来自己还得更加谨慎，便谎称道："我准备在广场四周架起礼炮台，让鼠国臣民也欣赏一下人类的烟花。"

"哦，原来是这样，就按你的方案办吧！"警觉的鼠国王这才放了心。

【挑战自我13】

若一个长方形的长增加2厘米,面积就增加10平方厘米;若宽减少3厘米,面积就减少18平方厘米。求原来长方形的面积。

拍照片

鼠国王祝寿大典那天,鼠王国张灯结彩,老鼠们全体出动了,连皇宫内的哨兵也被鲁比放了假,广场上到处是盛装出行的老鼠。鼠国王和他的家人坐在轿子上,接受臣民的跪拜。

土地爷爷不知从哪弄来一架照相机,鼠国王听土地爷爷说可以把现场拍下来留念,当即就拍了几张单身照片。这时鼠王后和她的儿子听说了,也嚷着要拍照片,鼠国王便吩咐道:"现在给我们全家拍合影。"

可是三只老鼠都想站在最前面,土地爷爷只好说:"请三位排成一排。"

站在边上的鼠国王说:"我要每种顺序都拍一张。"

站在一旁的鲁比走上前说道:"国王,按您的要求,共需要6张底片,可现在我们只有5张底片了,其余的忘在皇宫里了。"

鼠国王听说底片不够,很不开心,说:"我们3个怎么需要6张底片?"

鲁比迅速地把6种排列顺序画了出来,递给国王:

国王 王后 王子　　王后 国王 王子　　王子 国王 王后

国王 王子 王后　　王后 王子 国王　　王子 王后 国王

鼠国王一看,果真需要6张底片,只好说道:"给我们先拍5张,然后你们去皇宫换底片。"

鲁比很快地拍完5张照片后,和土地爷爷直奔皇宫,这个时候是他们取回数学书的最好时机。

【挑战自我14】

4位同学排成一排拍照,共有几种不同的排法?

进入书房

鼠皇宫里静悄悄的,所有的卫兵都外出看表演了。偌大的一个鼠皇宫,该到哪里去找失窃的数学书呢?

土地爷爷对皇宫比较熟悉,他提醒道:"鲁比,我记得你的数学书被鼠国王藏到他的书房里了。"

鲁比和土地爷爷来到鼠国王的书房门前。书房门是玻璃做的,可门上没有钥匙孔,土地爷爷不管三七二十一,就朝玻璃门撞去。

"砰"的一声,土地爷爷被反弹出好远,他摸着摔疼的屁股说道:"这门好硬啊!"

鲁比仔细察看了这扇门后说:"这门是用防弹玻璃做的。"

鲁比发现门边上有一个红色的小按钮,他轻轻一按,整个玻璃门变成了一个显示器,上面显示出一道题目:将十位数7677782980去掉五个数字,使剩下的五个数字(先后顺序不改变)组成的五位数最小。这个最小的五位数是(　　)。

土地爷爷说道:"这太简单了,只要把最大的数字去掉,剩下的肯定最小。"

鲁比反驳道:"不会这么简单。"

土地爷爷刚才由于冒失,被门反弹了出去,这次他也怕填错,问道:"鲁比,那应该去掉什么数字呢?"

鲁比见土地爷爷变谨慎了,笑道:"要使多位数最小,那最高位应该尽可能地小。由于数字顺序不能变,所以首位只能是6。"

土地爷爷听鲁比一说,也明白了其中的道理,他很快就推算出这个最小的五位数是62980。

进入书房后,鲁比和土地爷爷找遍了各个角落,也没有发现被盗的数学书。

"这可奇怪了,我明明看见鼠国王把偷来的书全藏在书房里了。"土地爷爷自言自语道。

土地爷爷发现鲁比这时正拿着一支笔,在书房里东敲敲、西敲敲,他在干什么呢?

【挑战自我15】
将 7947805 去掉三个数字,使剩下的四个数字按顺序组成的四位数最大,请问这个四位数是多少?

智入暗室

"你在乱敲什么?"土地爷爷不解地问道。

鲁比说道:"既然数学书没有离开过书房,我猜这书房里一定有暗室。"

"听,书柜后面的这面墙是空心的!"鲁比像发现新大陆似的叫起来。

鲁比和土地爷爷想搬动书柜,可铁皮做的书柜很沉。"累死我了!"土地爷爷累得坐在地上,拿起书柜上唯一的一本书翻看起来,"真没劲!这书上除了一个算式,什么也没有。"

鲁比感到有些蹊跷,便接过书,只见上面写着:$a ※ b = (a \times b) - (a \div b)$。

"这是什么算式?"土地爷爷问道。

鲁比说:"这应该是鼠国王自创的定义新运算,快找找书房里有没有这样的算式。"

"找到了,你看书桌的镜子上就有一个相似的算式:24※4※2 = (   )。"

鲁比心算了一会儿,拿起书桌上的笔填上了"135",果然书柜自动向一边移动了,墙上露出了一个洞口,他和土地爷爷钻了进去。这个密室可真大,里面藏了许多偷来的宝贝。

"你是怎么算出来的?我怎么想不明白?"土地爷爷还在想暗室的密码。

"根据书上的提示,我先算24※4 = (24×4) - (24÷4) =90,再算90※2 = (90×2) - (90÷2) =135。"鲁比回答道。

"哈哈,我的数学书找到了!土地爷爷我们快走,去晚了,鼠国王该生疑心了。"鲁比提醒道。

鲁比和土地爷爷迅速地退出了皇宫,向广场跑去。

【挑战自我16】

定义新运算是用某些特殊的符号表示特定的意义,从而解答某些特殊算式的运算。在定义新运算中的"※""○""△"……与+、-、×、÷是有严格区别的。解答定义新运算问题必须先理解新定义的含义,遵循新定义的关系式,再把问题转化为一般的+、-、×、÷运算问题。

如果$a◎b = (a+b) × (a-b)$,求$8◎7◎6$。

火烧鼠王国

"换个胶卷怎么用这么长时间?"鼠国王一脸的不高兴。

鲁比解释道:"国王,我们刚才换好胶卷后发现火柴忘记带了,所以又回去找火柴了!"

"放烟火喽!放烟火喽!"鼠王子兴奋地叫嚷着。

鲁比和土地爷爷来到礼花燃放处,鲁比用了一根很长的导火索,反复地量了量,土地爷爷催促道:"鲁比你倒是快点啊,大家都等着看呢!"

鲁比附在土地爷爷耳朵边轻声说道:"过会儿礼炮一响,鼠王国定成一片火海,我们必须计算好逃出去的时间。"

土地爷爷问道:"那你算一下,我们逃出洞口需要多长时间?"

鲁比说:"从广场到洞口的路有 432 厘米,我们每秒跑 8 厘米,需要 $432 \div 8 = 54$(秒)。"

土地爷爷又问道:"导火索能燃烧多长时间?"

鲁比叹了口气说:"这根导火索只有 252 毫米长,被点燃后,每秒燃烧 7 毫米,也就是说只有 $252 \div 7 = 36$(秒),时间不够啊!"

土地爷爷笑着说:"时间够了。"说完,他变魔术似的从口袋里拿出一辆自行车,往上面倒了一些放大药水后,自行车立

刻变大了些。

鲁比高兴地说："有了自行车,我们的速度至少可提高一倍,那逃走时间只需要原来的一半了。"说完,鲁比点燃了导火索,他俩骑上自行车快速冲向洞口。

老鼠们都在等着看烟花,可等来的却是烟花点燃了鼠国的所有建筑,鼠王国顿时成了一片火海,老鼠们抱头乱窜。

鲁比和土地爷爷跑出鼠王国后,恢复了原形。他们找来一个特大的铁笼子放在老鼠洞口,不一会儿,洞里的老鼠果然被烧得全往外跑,一只不漏地全被关进了铁笼子。

【挑战自我17】

红红早晨起来刷牙洗脸要4分钟,读书要8分钟,烧开水要10分钟,冲牛奶要1分钟,吃早饭要5分钟。红红应该怎样合理安排时间?她起床后最少需要多少分钟才能上学?

酷酷猴历险记

人物档案：

酷酷猴：孙悟空最得意的弟子，生性活泼，富有探险和创新精神，容易冲动。

帅帅猪：猪八戒最宠爱的弟子，有点小聪明，做事比较懒散，爱好新奇事物。

甜甜沙：沙悟净最听话的弟子，性格乖巧，做事沉稳，有时过于谨慎。

仙丹是啥味

一天,酷酷猴、帅帅猪、甜甜沙聚在一起,酷酷猴提议道:"闷在家里太难受了,我们出去逛逛吧。"

甜甜沙有些胆小,问道:"我们到哪里去呢?"

馋嘴的帅帅猪说道:"我们到太上老君那里去吧,听说他那里有仙丹。我长这么大,还不知道仙丹是什么味道呢。"

三人一拍即合,来到太上老君的炼丹房,只见八卦炉内三昧真火烧得旺旺的,炉边还悬挂着一个金葫芦和一个银葫芦。

"哈哈,没有人,我们先拿几粒仙丹尝尝!"帅帅猪开始寻找仙丹。酷酷猴指着墙上挂着的葫芦说:"仙丹肯定在葫芦里。"

"何人大胆,敢偷仙丹!"突然从身后传来一声怒斥。

三人掉头一看,一位白胡子爷爷已站在他们身后,乖巧的甜甜沙礼貌地问道:"您是老君爷爷吧?我们不是来偷仙丹的,我们就是好奇,想看看仙丹长啥样。"

太上老君严肃的脸色稍稍缓和了一些,问道:"你们是谁?怎么跑到我的炼丹房里来了?"

酷酷猴神气地答道:"孙悟空是我师父!"

太上老君一听火冒三丈:"原来是贼猴头的徒弟!来人,把这三个小贼投入炼丹炉!"

帅帅猪一听,吓得哭着求饶:"老君爷爷,我们真没敢偷,

就是想问您要一粒仙丹尝尝味道。"

太上老君改口说道:"我出个题考考你们,答得出来,每人赏一粒仙丹;答不出来,就把你们投到炼丹炉里炼仙丹。"

酷酷猴一脸的不在乎,说道:"什么题目还能难住我酷酷猴?快说来听听!"

太上老君瞧了一眼宝葫芦后说:"在我的金葫芦和银葫芦里共有245粒仙丹,如果从金葫芦里每天倒出15粒,从银葫芦里每天倒出10粒,3天后,两个葫芦里的仙丹一样多。原来金、银葫芦里各有多少粒仙丹?"

帅帅猪挠了半天头也没想出来。酷酷猴自信地说:"不难,我知道。"

酷酷猴说出答案后,太上老君捋了捋胡须笑道:"不错,比那石猴子强。赏你们每人一粒仙丹。"

帅帅猪拿过仙丹,脖子一伸,仙丹就入肚了。他见酷酷猴和甜甜沙都在慢慢品尝,心里后悔啊,吃得太急,连仙丹是啥味道也不知道,于是厚着脸皮说:"老君爷爷,您再赏一粒仙丹给我尝尝吧,刚才吃得太急,没尝出什么味。"

"你当我的仙丹是白菜吗?"

帅帅猪只能流着口水,看着酷酷猴和甜甜沙慢慢地嚼着仙丹。

【挑战自我1】

你知道如何求出金葫芦和银葫芦里的仙丹数吗?

人参果

没尝出仙丹的味道,帅帅猪又想起了八戒师父说起偷吃人参果的事,心想:师父没能尝出人参果的滋味,我定要细嚼慢咽,慢慢品尝。于是他对酷酷猴说:"天上人间,除了王母娘娘的蟠桃外,还有什么水果最珍贵?"

"那还用说,一定是五庄观的人参果了。"

这下正好说到帅帅猪的心坎里去了,他忙说道:"听说人参果三千年才开花,再经过三千年结果,最后又经过三千年才成熟,今年距我们师父西天取经正好九千年,人参果又该成熟了,我们去讨一个尝尝?"

酷酷猴有些为难,说道:"我听师父说,这五庄观的镇元大仙可小气了,虽说他和我师父是结拜兄弟,可每次他来花果山拜访,只带最近他种的不老参,从不带人参果。"

帅帅猪见酷酷猴打退堂鼓,赶紧又说:"可能那时人参果还没有成熟呢。凭你师父和他的关系,咱们去讨俩果子吃应该不成问题。"

酷酷猴听帅帅猪这么一说,也心动了,说道:"心动不如行动,我们现在就去。"

三人腾云驾雾,一眨眼的工夫就来到了五庄观。镇元大仙得知酷酷猴是孙悟空的弟子,热情地招待了他们,还带领他们参观了人参果园。在果园里，镇元大仙介绍道："左边这棵树是我最近培植的不老参树，右边这棵就是人参果树。"

帅帅猪一听，馋得口水直流，说道："我师父当年吃人参果时吃得太快，因而没有尝出味道，他至今念念不忘。大仙爷爷，您能否摘个人参果让我尝尝？我好告诉师父人参果的味道。"

镇元大仙看了看两棵果树，说道："9个不老参和3个人参果共重4170克，6个不老参比3个人参果重30克，每个人参果有多少克？答出来，每人赏一个人参果；答不出来，就请回吧！"

帅帅猪叫苦道："你们大仙怎么都喜欢出题考人呢？"

酷酷猴知道这可是千年一遇的机会，连忙接过话说："一言为定！大仙可不能骗我们小孩子啊。"

"一言为定！"

酷酷猴随即报出了答案："每个不老参重280克，每个人参果重550克。"

"好，每人赏一个人参果！"

这一次，帅帅猪可是细嚼慢咽，连核都舔得干干净净。

临走前，镇元大仙对帅帅猪说道："看来，你吃完我的人参果，还得去找'机灵果'啊！"

【挑战自我2】

你知道酷酷猴是如何算出人参果和不老参各重多少克的吗？

机灵果

帅帅猪见酷酷猴机智聪明,什么问题都难不住他,心里十分羡慕,便想找镇元大仙说的"机灵果"吃,好让自己也变得聪明起来。

机灵果在哪里呢?长啥样?好吃吗?一连串的问题都没有答案。帅帅猪缠着酷酷猴和甜甜沙陪他到观音那里去问问机灵果在哪里。

三人驾云来到了观音修炼地——洛迦山,帅帅猪迫不及待地问道:"观音菩萨,镇元大仙说吃了机灵果就能变聪明,您能告诉我机灵果在哪里吗?"

观音见是白白胖胖的帅帅猪,心中很是喜欢,笑道:"世间是有机灵果,但想得到机灵果却很难。"

帅帅猪拍着胸脯说:"为了变聪明,再难我也要找到!"

"那我先考考你,如果你能答对我的问题,我就告诉你机灵果在哪里。"

帅帅猪一听,顿时有了精神,连忙应道:"一言为定!你问吧。"

"在你的身后有大、中、小三棵柳树,都是我以前栽下的。从大到小,三棵树栽种时间隔的年数相等,最大的柳树的年轮和最小的柳树的年轮之和是84,如果再加上小柳树的年轮,正

好是100。你知道这三棵柳树的年龄分别是多少吗?"

帅帅猪心想:树的年轮就是树的年龄,大柳树的年轮加小柳树的年轮是84,再加小柳树的年轮是100,说明小柳树的年龄是16,那大柳树的年龄是84－16＝68。由于三棵树栽种间隔的年数相等,用(68－16)÷2＋16＝42,就是中等柳树的年龄。帅帅猪想到这儿,信心十足地说:"三棵柳树的年龄分别是68、42、16。"

观音微笑着点点头。帅帅猪只关心机灵果的事,见观音点头了,便着急地问道:"我答出了您的问题,现在总要告诉我机灵果在哪里了吧?"

观音说道:"机灵果人人都有,它有时无形,有时有形。刚才你很快地答出了我的题,说明你很机灵啊!想要得到机灵果,只有不断地学习。"

帅帅猪听后感叹道:"这机灵果原来不是吃的果子,而是学习修成的成果啊!"

【挑战自我3】

有三棵大树,它们的年龄均为三位数,分别由1、2、3、4、5、6、7、8、9中三个不同的连续数字组成,其中一棵树的年龄正好是其他两棵树年龄之和的一半。你能推算出这三棵树各有多少岁吗?

天庭借马

兄弟三人在天庭里逛了几天后,酷酷猴觉得这样的历险不刺激不好玩,就和帅帅猪、甜甜沙商量道:"天庭里太没劲了,我们到人间去吧。"

"到人间去?那太危险了,我们的法力会全部消失的。"胆小的甜甜沙第一个反对。

"失去法力我不怕,不过没有法力就不能腾云驾雾,我最怕走远路了,那太累了。"帅帅猪也反对去人间。

酷酷猴见他俩不愿意,继续说道:"人间可好玩了,还有好多好吃的。虽然没有了法力,但我们可以依靠智力解决问题。帅帅猪你怕走远路,我们现在就去御马监借天马,我师父当年在那里管过马,只要一提我师父的大名,保准能借到马。"

帅帅猪一听说有好吃的,就爽快地答应了。他们三人来到御马监,只见碧绿的草地上,马儿在悠闲地吃着草。

"瞧,这里的马养得多膘壮,定能跑远路。"

"负责人出来,齐天大圣派我们来借马!"帅帅猪打出孙悟空的旗号。

御马监总管一听齐天大圣派人来借马,赶紧出来迎接,对帅帅猪说:"按照规定天庭的马不外借,但大圣要借马,我们不得不借。不过,总得找个理由。"

帅帅猪指着马群说:"这么小的草场养这么多天马,这马肯定吃不饱。"

御马监总管说道："这个理由好像说不通。天庭草场长的草够500匹马吃80天，或够400匹马吃120天，你们说天庭的草场最多能养多少匹马呢？"

"这个嘛……我说不上来。不过我敢肯定天马吃不饱，你瞧那两匹天马为了草都打起来了。"

酷酷猴说："我来算。因为草场的草吃了还会长出来，所以这个问题得这么想：假设1匹马1天吃的草为1份，那500匹马80天就要吃40000份。400匹马能吃120天，也就是吃了48000份，那么草场每天新长的草就是（48000－40000）÷（120－80）＝200（份）。所以，要保证每匹马都不挨饿，这个草场最多能养200匹马。"

御马监总管一听，高兴地说道："这御马监现有203匹马，借你们3匹，正好还剩下200匹，这样就能保证每一匹马都不会挨饿，我对玉帝也有个交代。"

于是酷酷猴、帅帅猪、甜甜沙选了三匹最强壮的天马，直奔人间。

【挑战自我4】

20匹马72天可吃完32公顷牧草，16匹马54天可吃完24公顷牧草，假设每公顷牧草原有草量相等，且每公顷牧草每天的生长速度相同，那么多少匹马36天可吃完40公顷的牧草？

关进警察局

酷酷猴、帅帅猪、甜甜沙三人骑着天马,很快就来到了人间。这时的人间已是公元 21 世纪,到处是高楼大厦、宽敞的马路、川流不息的人群、琳琅满目的商品。他们三人骑着天马走在街道上,东张西望,对什么东西都感到好奇。

贪玩的酷酷猴提议道:"你们看这路多平坦,我们赛马吧!"

"好啊!"帅帅猪两腿一夹天马的肚子,第一个冲了出去,酷酷猴和甜甜沙紧随其后,三人在马路上赛起了马。正当三人玩得开心时,一辆警车把他们拦住了,将他们连人带马全押到了警察局。

警察叔叔责问道:"小朋友,你们不知道在马路上不准骑马,更不允许赛马吗?"

甜甜沙反问道:"马路、马路,马路就是马走的路,马路上不准骑马,那骑什么?"

警察笑道:"现在可是 21 世纪了,马匹在城市里已不再是代步工具了,现在我们开汽车或者骑摩托车、自行车。你们年纪小,我看骑自行车比较合适。"

帅帅猪用商量的口吻说道:"警察叔叔,那我们用马和你换自行车,好不好?"

警察带着三人来到停车场。帅帅猪第一次见到汽车和自行车,他左挑右选,还爬到汽车顶上试了试,说:"这铁家伙太大,我们骑不了,就换自行车吧。"

警察笑道:"我们的停车场里停了24辆车,其中有4个轮子的汽车和2个轮子的自行车,这些车子共有90个轮子,你们说停车场里有多少辆自行车?"

酷酷猴想了想说:"用假设法解答这个问题最简单。"

"什么是假设法?"

酷酷猴解释道:"就是把自行车或者汽车都假设为其中的某一种车,这样思考起来就简单了。"

"别说得一套一套的,你快点说说有几辆自行车吧。"帅帅猪有些等不及了。

"3辆自行车,还有21辆汽车。"酷酷猴很快就报出了答案。

帅帅猪一听,激动地说:"我们仨正好一人一辆,警察叔叔你快带我们去取车吧!"

三位好朋友在警察叔叔的指点下,一会儿工夫都学会了骑自行车,警察叔叔还告诉他们必须在非机动车道骑。帅帅猪一心想着玩,问道:"警察叔叔,你知道哪儿最好玩吗?"

"玩?那当然是儿童游乐场了。"

【挑战自我5】

你能用假设法求出有多少辆自行车和汽车吗?

冤枉了甜甜沙

酷酷猴、帅帅猪、甜甜沙三人骑着自行车来到儿童游乐场。游乐场里好玩的东西可多了,有碰碰车、旋转木马、过山车、海盗船、摩天轮……兄弟三人东转转、西逛逛,可身上一分钱也没有,什么游乐项目也玩不成。

帅帅猪遗憾地说:"早知道玩游戏要花钱,从天庭下来时就该带点东西,也可卖掉换成钱,可现在我们身上没有啊。"

酷酷猴见帅帅猪无精打采,灵机一动,说道:"帅帅猪,我们摆摊自己挣钱。"

"挣钱?怎么挣?我除了这身衣裳,什么也没有。"

"没有东西,可我们有一身的本领,可以卖艺啊!"

帅帅猪一听顿时来了精神:"好啊,我们就卖艺。甜甜沙你记账。"三人说干就干。

"走过路过千万别错过,大家快来看一看啊!"帅帅猪大声地吆喝着,果然吸引了许多人来围观。酷酷猴表演的是他拿手的翻筋斗、耍棍,帅帅猪表演的是大力士,精彩的表演引来阵阵掌声。

三人当中甜甜沙的嘴最甜:"阿姨,捐赠点水钱吧!""叔叔,捐赠点饭钱吧!"不一会儿,他们就得到了许多人的捐赠,甜甜沙一笔笔地都记了下来。

表演结束后,三兄弟把收到的现金与账本一核对,却发现少了45元。帅帅猪怒道:"我们辛苦地表演,你却偷偷地藏钱!"

"我没有藏钱!"甜甜沙委屈得直掉眼泪。

酷酷猴连忙站出来打圆场:"甜甜沙,我相信你。肯定是你不小心记错账了,你把账本给我看一看。"

到底哪笔钱记错了呢?酷酷猴仔细地查看了每一笔收入后,笑道:"甜甜沙没有私自藏钱,他把一笔5元的捐赠错记成了50元。"

甜甜沙破涕为笑:"对!没有50元的捐赠。"

帅帅猪不解地问道:"酷酷猴,你怎么知道甜甜沙把5元错记成50元的?"

【挑战自我6】

你知道酷酷猴是如何推测出甜甜沙记错账的吗?

帅帅猪上当

"分我些钱吧,我想一个人去玩。"帅帅猪嚷道。

三兄弟各分了一些钱,去玩自己喜欢的游戏。帅帅猪把那些有趣、刺激的游戏玩了个遍。

正当他想回去找酷酷猴时,远处传来吆喝声:"一元赢大奖!奖品随你拿!"帅帅猪连忙跑过去,挤进人群一看,原来是有人设了"一元赢大奖"的活动。他心想,正好还有些钱,那就试试手气,于是问道:"老板,这个游戏怎么个玩法?"

老板笑道:"很简单,台上有7个杯口全朝上的杯子,只要翻动杯子,使杯口全部朝下,你就能赢得大奖。但每人每次只能任意翻动4个杯子,一元钱可翻动10次,如果杯口全朝下了,这些奖品你随便拿。"

帅帅猪一看有好多奖品,其中有些奖品得花几百块钱才能买到,便动心了,他交给老板一块钱后说道:"看我的!"说完他就开始翻动杯子,可10次翻完了,也没能成功。不服输的他又玩了好几次,最后口袋里的钱全进了老板的腰包。

输红了眼的帅帅猪正想找酷酷猴借钱接着玩,酷酷猴不知从哪里钻了出来,一把拉住帅帅猪说道:"就是再让你玩一万次,你也不可能成功,这是骗人的游戏!"

老板狡辩道:"是这位朋友手气不好,怎么能说我的游戏是骗人的呢?"

酷酷猴见很多人围观,便说出了其中的道理。老板见自己的骗局被人识破了,赶紧收起行囊灰溜溜地走了。

回去的途中,帅帅猪垂头丧气地说道:"你要是早点来就好了,我的钱全被他骗走了!"

酷酷猴安慰他道:"算了,就当花钱买了个教训。今后这种街头游戏不要再玩了,全是骗人的把戏!"

【挑战自我7】

你会破解这个骗人的游戏吗?

追赶甜甜沙

帅帅猪输光了钱,心里很不痛快,一边走一边骂道:"缺德鬼,骗了我的钱准没好下场!猴哥你教教我数学吧,如果我的数学和你一样棒,他们就骗不到我的钱了。"

酷酷猴爽快地说:"行!不过今天我们是到游乐场来玩的,现在我请客,咱们去玩赛车,甜甜沙已经在那里玩了。"

他俩来到赛车场,见甜甜沙开着赛车,从他俩身边飞驰而过。眼尖的酷酷猴发现甜甜沙没有系安全带,着急地说:"开赛车不系安全带很危险,我追上去提醒他!"说完酷酷猴驾驶一辆赛车追了上去,可这时甜甜沙的赛车已开出去好远了。过了一会儿,酷酷猴和甜甜沙都安全地返回了,帅帅猪问酷酷猴:"你用了多长时间追上甜甜沙的?"

酷酷猴笑道:"帅帅猪,你不是想学数学吗?现在就有个现成的问题,看你能不能解答出来。"

帅帅猪在数学上吃了亏,这次他可下定决心要好好学数学了，于是问道："什么问题？"

酷酷猴说："刚才甜甜沙开的赛车是每分钟行驶280米，而我开的赛车是每分钟行驶360米。当我去追甜甜沙时，他已先开了2分钟，你知道我用多长时间追上他的吗？"

帅帅猪说道："这是我刚才问你的问题，你怎么反过来问我了？"

酷酷猴提醒道："数学无处不在，想学好数学，就得留意身边的每一件事情。"

帅帅猪挠挠头说："让我想想。"

在酷酷猴的提醒下，帅帅猪也成功地求出了答案。

甜甜沙称赞道："行啊帅帅猪，都快赶上酷酷猴了！"

帅帅猪红着脸说："我其实也不笨，就是怕动脑筋，今后我一定要改掉这个毛病。"

三兄弟在游乐场里足足玩了一天，太阳快下山了，三人才换回天马返回了天庭。这一天的人间之行，不仅让他们玩了个痛快，还让他们长了不少的见识。他们决定过段时间再到人间的学校里参观学习，看看人间的小朋友是如何学习数学的。

【挑战自我8】

你知道酷酷猴花了几分钟才追上甜甜沙的吗？

沙漠古堡历险记

丝绸之路是我国古代与国外重要的商贸通道，鼎盛时期，在沿途建有许多城堡。但随着航海业的兴起，这条古通道逐渐萧条了，恶劣的气候环境致使许多古城堡湮没在黄沙中。最近，我国考古学者发现了一座古城堡，但古堡中的数学机关让考古发掘工作进展十分缓慢，于是他们向数学家请求援助……

冒牌的数学家

史飞是数学家的儿子，从小受爸爸的影响，他的数学特别棒。毛超是史飞的同桌、最要好的朋友，数学成绩在班里也名列前茅。暑假里，史飞听说爸爸要去沙漠古堡破解数学机关，便缠着爸爸带上他和毛超一道去看看浩瀚的沙漠。

一天清晨，数学家去了80千米外的沙漠古堡帮助挖掘古堡。史飞和毛超闲着没事儿，便和当地的小朋友玩起了骑骆驼比赛，顺便教教他们数学。正当他们玩得高兴时，两个操着外地口音的人走了过来，其中一人是独眼大汉，另一人是个老头，他的左手只有四根手指。四指老头凑上前笑眯眯地说："小朋友的数学不错啊，我来考考你。"

史飞打量了对方一番，拍着胸脯说："有什么难题，你尽管提。"

四指老头慢吞吞地说道："明天我们将穿越荒无人烟的大沙漠，沙漠有80千米宽，我们一天能走20千米，可每人一次只能携带够自己3天用的食物和水，如果食物和水多了，我们就背不动了。请问我们该怎么办，才能不渴死在大沙漠里？"

史飞不假思索地说："这好办，你们在沙漠中建一个食物和水的中转站就行了。"

四指老头又问道："可这个中转站建在什么位置最好呢？"

快嘴毛超接过话,说道:"我来教你们。"说完他拿起一根树枝,在沙地上画了一个线段图:

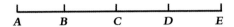

"你们看,沙漠宽80千米,你们一天能走20千米,也就是说你们必须用4天的时间才能成功穿越大沙漠。由于每人一次只能携带够自己3天用的食物和水,所以你们必须在到达 B 点时还有够3天用的食物和水。但你们从 A 点出发到 B 点时,只剩下够2天用的食物和水,所以不能继续往前走,必须把够1天用的食物和水留在 B 点,然后携带够1天用的食物和水从 B 点返回 A 点。当你们再次携带3天的食物和水从 A 点到达 B 点时,剩下2天的食物和水,再把贮存在 B 点的食物和水带上,这时你们正好拥有了够3天用的食物和水,就能成功穿越大沙漠了。"

独眼大汉有些不耐烦了,催促道:"老大,我们快去准备食物和水吧。"

史飞见这两个家伙鬼鬼祟祟的,心想:80千米外不正好是沙漠古堡所在地吗?于是问道:"老爷爷,你们这是要到哪里去啊?"

独眼大汉说:"我们是考古队请来的数学家。"说完两人急匆匆地走了。

史飞越想越不对劲,对毛超说:"我看这两人有点可疑,我们必须把这一情况告诉我爸爸和考古队。"

"你不会是想去沙漠古堡吧?这太危险了!"毛超反对道。

史飞见毛超有些胆怯,便鼓励他说:"这两个人肯定是冒牌的数学家。如果他们这次是去盗宝,我们能及时通知考古队,那我们可就立大功了!"

毛超还有些犹豫,担忧道:"在沙漠里行走,可不是闹着玩的,我们得做好充分准备。"

史飞自信地说:"我们就骑当地小朋友的骆驼,这些骆驼认识沙漠中的路,然后再准备好充足的粮食和水,肯定不会出任何意外。"

【挑战自我1】

甲、乙两人要到沙漠中探险,他们每天向沙漠深处走20千米,已知每人最多可以携带一个人24天的食物和水。如果不准将部分食物存放于途中,那么,其中一人最远可以深入沙漠_____千米。(要求:最后两人都能返回起点)

危险的旅程

当地村落的一位老者听说两位小朋友要进入沙漠,急匆匆地赶来劝阻道:"沙漠里太危险了!而且你们前去的沙漠古堡,正好坐落在'骆驼坟场'的中心,以沙漠古堡为中心,方圆10平方千米的地区终年黄沙漫天,连骆驼在这一地区都很难生存。"

毛超听了老者的话,吓得直吐舌头,哀求道:"史飞,我们还是别去了。连'沙漠之舟'都很难在那里生存,何况我们人呢……"

倔强的史飞立刻打断了毛超的话:"不行,再困难也要去!如果让盗墓分子得逞,那国家就会损失一批宝贵的文物。"

老者见两人铁了心要去,称赞道:"沙漠是弱者的坟场,也是强者的战场,只要有信心,就一定能克服困难。凭我多年在沙漠行走的经验,'骆驼坟场'在下午3点到4点这段时间里,风沙最小。"

史飞听了老者的话,连忙拿出纸和笔算了起来。毛超不解地问:"史飞,你算什么呢?"

史飞算了一会儿,高兴地叫起来:"我有办法通过'骆驼坟场'了!"

"快说来听听!"

"我们只要在下午3点到达'骆驼坟场'的边缘,然后利用下午3点到4点这1个小时的时间穿越'骆驼坟场',进入沙漠古堡,即使外面的风沙再大,我们也不用怕了。"

毛超一听顿时来了劲头,催促道:"那我们还等什么,快点出发吧!"

史飞笑道:"别急,出发的时间还没到呢。如果我们提前出发,在沙漠中待的时间太长,那烈日会把我们烤熟的。"

"史飞,你就别卖关子了,告诉我,何时出发?"

史飞拿出计算好的纸,递给毛超说:"你自己看。"

纸上写着:(80－10)÷20＝3.5(小时),15－3.5＝11.5,也就是11点30分出发。

毛超挠了挠头,问道:"史飞,你葫芦里到底卖的什么药啊,我怎么看不明白?"

史飞只好又解释道:"这次我们要走的全程是80千米,扣除'骆驼坟场'的10千米,剩下的70千米为普通沙漠。骆驼在普通沙漠中的平均速度是每小时20千米,那走完这段普通沙漠就需要3.5小时。下午3点换成24小时计时法为15点,15点向前倒推3.5小时,正好是11点30分。"

毛超恍然大悟:"明白了。现在是上午10点,我们还有1.5小时的准备时间。"

史飞和毛超做了精心的准备工作,不仅备足了粮食和水,还准备了绳子、手电筒、火把等工具。

11点30分,史飞和毛超准时出发了。刚开始,兄弟俩骑着骆驼,威风极了,他俩边走边聊,也不感到寂寞。突然,远处传来"嗷、嗷……"的声音。

毛超紧张道:"不好,有狼!"

史飞嘲笑道:"沙漠里哪来的狼?这肯定是响沙声。世界各地沙漠的响沙都不同,有的响沙发出的声响像吹口哨、吹笛子,有的像提琴声,还有的像打雷,有的甚至像汽车、飞机发动机的轰鸣声。"

毛超虚惊了一场,羡慕道:"史飞,你的知识面真广!"

【挑战自我2】

兄妹二人同时从家里出发去上学,哥哥每分钟走90米,妹妹每分钟走60米。哥哥到校门口时发现忘记带课本,立即沿原路回家去取,行至离校180米处和妹妹相遇。他们家离学校有多远?

古堡机关

和史飞预先设想的一样,兄弟两人进入"骆驼坟场"沙区后没有遇上大风暴,并顺利穿越。

"我看到沙漠古堡了!"史飞兴奋地叫起来。

这沙漠古堡的建筑别具一格,既有伊斯兰建筑华丽的风格,又有罗马建筑雄伟的气度,总体上看又有中国四合院的特色,真可谓融中外建筑风格于一体。

"这就是沙漠古堡?净是些断壁残垣,不像有什么宝贝藏在里面。"毛超有些失望。

"我爸和考古队怎么还没有到呢?"史飞问道。

"他们肯定在途中遇到风暴了,我们先进去吧,说不定还真能找到宝贝。"

兄弟两人进入古堡,发现里面除了黄沙什么也没有。毛超抱怨道:"考古专家会不会弄错了,这地方怎么会有宝贝?"

细心的史飞仔细地察看了古堡的每个角落，并不时地用手敲击着墙壁。

"毛超，快过来看看！这面墙壁很特别，其他墙壁都有破损，唯独这面墙壁完好无损，而且敲上去有金属的声音。"

毛超擦去墙壁上蒙着的一层细沙，一堵金黄色的墙壁显露了出来。"哈哈，发财喽！这肯定是黄金做的。"毛超一蹦三尺高。

"看，上面还有文字呢。"史飞提醒道。

墙壁上刻着几行字：这面墙壁乃黄铜所铸，共重 3702 斤，其中铜的重量是锌的 2 倍，铜、锌各有几斤？有缘者请按下准确数字开启铜墙。

铜：٠١٢٣٤٥٦٧٨٩

锌：٠١٢٣٤٥٦٧٨٩

毛超好奇地问道："史飞，这是什么符号？"

"这就是早期的阿拉伯数字。这种符号最早是由古印度人发明的，后来阿拉伯人在做生意的过程中，把这种数字带到了全世界，所以人们误以为它们是由阿拉伯人发明的。"

"原来阿拉伯数字不是阿拉伯人发明的，我看今后应该改叫印度数字，要不然对印度人民太不公平了……"毛超感叹道。

史飞打断了毛超的话，说道："你就别为这历史问题操心了，还是解决我们遇到的问题吧。"

毛超自信地说："这种简单问题就包在我身上了。假设黄铜中锌的重量为 x 斤,那黄铜中铜的重量就为 $2x$ 斤,列出方程:$x+2x=3702$。$x=1234$,$2x=2468$,说明铜有 2468 斤,锌有 1234 斤。"

毛超算出结果后就想按铜墙上的数字,可是这些早期的阿拉伯数字与现代阿拉伯数字对不上号,他只得求助史飞:"好史飞,快告诉我这些符号分别代表几。"

史飞说:"从左往右,依次代表 0~9 十个数字。"

毛超在史飞的指点下,分别按下了 2468 和 1234 两组数字,铜墙下方露出了一个圆形小洞。

"成功喽!"两人兴奋地抱在一起,欢呼起来。

【挑战自我3】

图书角一共有故事书和漫画书 47 本,如果把故事书拿掉 7 本,故事书的数量正好是漫画书的 4 倍,两种书各有多少本?

古墓石棺

铜墙打开后,露出一个洞口。"这肯定是一间密室。"史飞说。

"黑咕隆咚的,里面会不会有鬼?"毛超打开手电筒,刚把头探进密室想看个究竟,猛地又缩了回来,吓得瘫坐在地上,"别进去了,里面太恐怖了!黑漆漆的,有一口大棺材,还有两个大家伙守护在边上,手里拿着一闪一闪的兵器。"

史飞胆子大一些,他拿起手电筒说:"怕什么,活人还能被死人吓倒?"说完他先爬进了密室。

"毛超,快进来,我找到宝贝了!"史飞在密室里叫道。

"宝贝?什么宝贝?给我瞧瞧!"在宝贝的巨大诱惑下,毛超也壮起胆子爬进了密室。

密室不大,只见中央放着一口正方体石棺,两边各站着一个铜人,每个铜人的每只手中都拿着两个水晶球。

毛超拿起水晶球连连称赞道:"宝贝,这绝对是宝贝!咦,这水晶球里还有数字呢,正好是 $1 \sim 8$。"

史飞在密室里转了一圈,也没发现其他的东西,猜测道:"会不会东西都藏在石棺里呢?我们打开看看吧。"

"你疯了,死人有什么好看的?"毛超把头摇得和拨浪鼓一样。

史飞指着石棺说:"我感觉这石棺不像是放死人的,因为棺材一般都做成长方体的,而这个石棺是正方体的。"

兄弟俩使出了吃奶的劲,可石棺盖纹丝不动。正当他俩想放弃时,史飞发现石棺上还刻着字:把水晶球放入石棺 8 个顶点的小洞中,使每个面 4 个角上的数字之和都相等。

史飞想了想说:"把水晶球给我,我有办法了。"

"说来听听。"

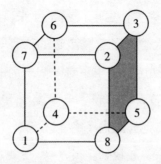

史飞画了个图解释道:"在计算各个面上 4 个数的和时,顶点上的数总是分属 3 个不同的面,这样,每个顶点上的数都被重复计算了 3 次。因此,各个面上 4 个数的和为 1~8 这 8 个数的和的 3 倍,即 (1+2+3+……+8)×3=108。又因为正方体有 6 个面,所以每个面上的 4 个数的和应是 108÷6=18,18 应是我们填数的标准。如果在外侧面上填入 1、7、2、8,那么右侧面上已有 2、8,其余两个顶点只能分别填 3 和 5。以此类推,最后还剩 6 和 4。"

史飞按要求把水晶球放入石棺 8 个顶点的小洞中,只听"轰"的一声,石棺盖打开了。这时传来一阵咳嗽声,吓得毛超抱起头哭喊:"老前辈,不怪我,不是我打开的!"

"别怕,石棺里是空的,这咳嗽声是从密室外传来的。"史飞安慰毛超。

史飞到密室洞口一看,吓了一跳,连忙轻声提醒毛超:"不好了,独眼大汉和四指老头正朝我们这边走来,我们快躲起来。"

"我明明看见两个小鬼进来的,怎么一眨眼不见了呢?"四指老头说道。

"肯定钻进这个小洞里去了,刚才的响声就是从小洞中传出来的,我进去把他俩抓出来!"独眼大汉说道。

机警的史飞拿出绳子系在两个铜人的脚上,便和毛超一起跳进了石棺里。哪知这石棺的底部是活动的,两人一起掉进了石棺下面的地下室里。

【挑战自我4】

把1~10十个数字填入下面的圆圈内,使每个四边形顶点圆圈内数字的和都相等,并且和最大。

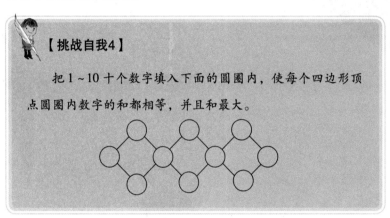

台阶上的秘密

独眼大汉钻进密室,见有一个大石棺,兴奋地叫起来:"老大,我发现宝藏啦!"说完便朝石棺跑去。由于他那只独眼只盯着石棺,根本没有注意到脚下,结果被绳子绊住,"咕咚"一声摔了个嘴啃泥。由于速度太快,他还把两个铜人给拉倒了。

"我投降!我投降!"独眼大汉误以为有人把他擒住了,连连求饶。

"没用的家伙,快起来!压在你身上的是铜人。"四指老头呵斥道。

"这两个小家伙明明在这里,怎么一转眼又不见了?快找找,他们肯定藏起来了。千万别让这两个毛孩子坏了我们的大事!"四指老头说道。

这一找,还真让他们发现了石棺底部的秘密。独眼大汉说:"老大,他们肯定是掉到这石棺下面去了。"

史飞和毛超掉到石棺下面后,发现有楼梯延伸向地底下。

史飞建议道:"我们下去瞧瞧。"

毛超反对道:"万一这里还有机关怎么办?我们还是回到地面上去等考古队吧。"

"上面有独眼大汉和四指老头,我们现在上去,不等于自投罗网吗?"

"那怎么办?我要回家,呜呜……"毛超说完就哭开了。

史飞安慰道:"别哭,我们把火把点燃,下去!"

毛超擦干眼泪问道:"我们有手电筒,为什么还点火把?"

史飞环顾一周,解释道:"这古密道里氧气是否充足,全靠火把告诉我们。"毛超这才心服口服地点燃火把,跟在史飞后面向密道深处走去。

突然,毛超一把拉住史飞说道:"快看,这楼梯的石板上都刻着数字。"

史飞一听连忙停下脚步,蹲下身子研究了起来,他们发现从第一块石板开始,分别刻着3、5、9、15、23、33……

"这里有机关，上面有盗墓贼，这可怎么办？"毛超又不知所措了。

"别急，天无绝人之路，我们总能想出办法的！"史飞安慰完毛超，又仔细地研究了一番，"哈哈，我知道了！$3+2=5$，$5+4=9$，$9+6=15$，$15+8=23$……我们只要按这个规律找到相应的台阶，就一定是安全的。"

当他们走到第 6 个台阶时，发现第 7 个台阶上刻着 43，而第 8 个台阶上刻着 45。史飞提醒毛超："按前面数字的规律，33 后面的数字应该是 45，而不是 43，所以第 7 个台阶我们千万不要踏上去，直接踏在第 8 个台阶上。"

按照数字的排列规律，他俩顺利地走到了楼梯的最底层，却又被一道石门拦住了去路。

"哈哈，看你们两个毛孩子往哪里逃！"这时四指老头和独眼大汉也钻了进来，得意地笑道。

"怎么办？两个坏蛋来抓我们了！"毛超急得直往史飞身后躲。

"别怕，他们不敢下来！"说完，史飞捡起一块石头，朝不是按规律排列数字的石阶上一扔，楼梯两侧立刻飞出许多暗器，吓得独眼大汉倒退好几步。"妈呀！这要给射中了，准成刺猬！"

双方僵持了一会儿，谁也想不出好办法，性子急躁的毛超拿起地面上的石球就想打独眼大汉。

"毛超别扔！这地面上这么多小石球，一定有用，你忘记开启石棺的水晶球了?"说完两人就四处查看起来。

【挑战自我5】

已知 $9999 \div 9 = 1111$。想一想:在"○"中填上什么数字,才能使下面的等式成立?

(1) ○999○ $\div 9 = 2222$;　　(2) ○999○ $\div 9 = 3333$;

(3) ○999○ $\div 9 = 4444$;　　(4) ○999○ $\div 9 = 7777$;

(5) ○999○ $\div 9 = 9999$。

盗墓贼落网

兄弟两人抹去石门上的黄沙,果真发现上面刻有几行小字:我是一个商人,临死前我把所有财富装进了17个箱子存放起来,大儿子分得所有财富的 $\frac{1}{2}$,二儿子分得 $\frac{1}{3}$,小儿子分得 $\frac{1}{9}$。智慧者,请拿起地面上的小石球帮助他们开启石门吧!

"快把石球都捡起来,这些石球就是开门的钥匙。"史飞说道。

毛超吐吐舌头说:"幸亏没有扔,要不然这石门还打不开了呢!"说完他一数,地面上的小石球正好是17个。

"可是如何用石球开启石门呢?"毛超又纳闷了。

"肯定有办法。"史飞说完，用力敲击石门。石门上的黄土不断脱落，露出了三个与石球同样大小的小孔。

"肯定是把石球塞进小孔。可是17个球按$\frac{1}{2}$、$\frac{1}{3}$、$\frac{1}{9}$如何分呢？总不能把石球敲碎了吧？"毛超拿着球不知如何是好。

"哈哈，老大，我想到办法下去抓住这两个小子了！"独眼大汉兴奋地叫嚷起来。

四指老头怀疑道："你有什么好办法？除非你不要命了。"

独眼大汉指着台阶上淡淡的脚印说："我们踩着他们的脚印下楼梯不就安全了！"

四指老头竖起食指（因为他没有大拇指），夸道："没想到你这独眼挺贼，看得这么仔细。"说完两人小心翼翼地往下走。

"史飞快想办法，他们下来了！"毛超急得叫了起来。

"把石球给我！"史飞接过球，三下五除二，便把球塞进了小孔里。

"轰！"石门打开了，兄弟两人急忙钻了进去。

"这密室里真有17个大箱子，这下我们可发财了！"毛超激动得忘记了两个强盗正在向他们靠近。

"快用大箱子顶住石门，别让两个坏蛋进来！"史飞一句话惊醒了毛超的发财梦。兄弟俩手忙脚乱地用大箱子顶住了石门。

"开门！开门！"两个盗墓贼在外面拼命地撞击着石门。

"史飞，你是怎么开启这石门的？"

"太简单了。由于17个球不能平均分成2份、3份、9份,所以我假设有18个球,把18个球平均分成2份,每份有9个;平均分成3份,每份有6个;平均分成9份,每份有2个。9 + 6 + 2 = 17,正好符合商人的要求,所以应该往三个小孔中分别塞入9个、6个、2个石球。"

"史飞快来,这里有个小洞,外面还有一根绳子,好像能通向地面!"毛超像发现了新大陆似的。

原来这小洞外就是一口水井,他俩抓着井绳爬到了地面。

"爸爸,我们在这里!"史飞朝远处正在寻找他俩的爸爸、考古队员、警察们挥手。

快嘴的毛超得意地说:"叔叔,我们找到宝藏了,还困住了两个盗墓贼。"

"这些宝贝全是我们的!"正当两个盗墓贼做着发财梦时,警察进来了。"别动!举起手来!"在黑洞洞的枪口下,两个盗墓贼乖乖地举起了双手。

【挑战自我6】

一个富人临终前留下遗嘱:"如果妻子生的是男孩,妻子和儿子各分得家产的一半。如果是女孩,女孩分得家产的三分之一,其余归妻子。"富人死后不久,妻子就生产了。出乎意料的是,妻子生下一男一女双胞胎。这下妻子为难了:这笔财产该怎么分呢?

狼窝历险记

在一片美丽的大森林里,动物们快乐地生活着。可是最近出现了一群无恶不作的大灰狼:为首的狼只有一只眼睛,大伙叫他独眼狼;他手下有十大将军、一百零八勇士,全是些残暴之徒。他们霸占了大森林边缘的一处峡谷,这个峡谷是大森林通向外面世界的唯一出口。另外还有一头狼,他精通数学,处处设置数学机关与陷阱,小动物们都十分害怕,给他起名叫数学狼。

银行被盗

清晨,浓雾笼罩着森林动物王国,一阵刺耳的警报声把动物王国的公民从睡梦中惊醒。这时,动物王国的大喇叭里传出银行保安队长的声音:"各位公民注意了!今天清晨,我们发现银行里的所有金条都被盗了,盗贼已逃离了现场。现在请卡尔警长和知情的公民速到银行前集中,商讨破案计划。"

卡尔警长听到广播后很快赶到了案发现场。经过几分钟的侦查,卡尔对保安队长说:"从作案手段来看,能确定此案是臭名昭著的数学狼所为,他开着一辆蓝色的卡车向城北逃离。"

保安队长疑惑地问道:"你怎么这么肯定?"

卡尔解释道:"数学狼的作案手段十分特别,他每次作案后都会留下一张写有数字的卡片来炫耀自己的'杰作'。他往车上装金条时,碰掉了一块蓝色的漆。从车轮行驶留下的痕迹可以判定他向城北逃离了。"

卡尔说完后眉头紧皱:"我们动物王国的蓝色卡车太多了,无法确定他开的是哪一辆啊,除非……"

保安队长连忙问道:"除非什么?"

卡尔说:"除非能查到车牌号码。"

保安队长拍着胸脯说:"这事不难,我已把住在附近的公民都找来了,现在我们就开始调查。"

其中一位公民说:"我没有看清,只记得车牌号的最后两位数是前两个数字的和,而且第一个数比第二个数小。"

另一位公民说:"我只记得最后两位数是一个完全平方数,而且车牌号是 A 开头。"

卡尔听完后立刻说:"我知道了,数学狼开的卡车牌照是动 A7916。现在全城戒严!"

由于卡尔办事雷厉风行,数学狼还没把黄金运出动物城就被巡逻队发现了,他只能丢下黄金,消失在夜幕里。

【挑战自我1】

有一个六位数的车牌号,六个数字各不相同,从左往右正好是由大到小排列,而且任意两个相邻的数字组成的两位数都是3的倍数。你知道这个车牌号是多少吗?

野狼寨里任军师

一天清晨,森林公安局的报警电话急促地响起。"报告警长,我发现数学狼又在设数学陷阱了。"电话是猎豹队长打来的。

卡尔警长当即和猎豹队长化装成平民前往。在数学机关前,卡尔踱着方步,思考了一会儿,说:"猎豹,我们进陷阱。"

"警长,这数学陷阱是很危险的,进去了可能出不来。"猎豹担心地说道。卡尔自信地说：“没事，我们藏在陷阱旁边，等数学狼一来，我们来个当场抓捕！"

一天过去了，晚上数学狼哼着小曲前来收获战利品：“哈哈，今天的收获可不小，逮住了一只黄狗和一只猎豹，够我享用一个星期了！"

这时，卡尔警长和猎豹队长一跃而起，逮住了这头狡猾的数学狼。

卡尔警长召开了公审大会。在审判会上，大伙咬牙切齿，列出了数学狼的几十条罪名，大家一致认为应该处死数学狼！

可是，独眼狼听说了数学狼被捕的事，带领部下悄悄接近公审大会，他一声令下，众狼一拥而上，小动物们吓得四处乱跑。趁着混乱，数学狼被救走了。

独眼狼一伙回到他们的老窝——野狼寨。数学狼感激涕零："大哥，这次要不是您救了小弟，我这条命就葬送在法场了！"

独眼狼拍拍数学狼的肩膀说："老弟，这次我不仅救你，还给你留了个重要的位置，就是我野狼寨的军师一职。今后出谋划策的事可就全靠你啦！"独眼狼命令道："今天大摆宴席，为数学狼军师接风洗尘！记住，宴席上每桌都要有酒、有肉、有汤！"

数学狼刚来就当军师，野狼寨的强盗们都不服气，想试探他一下。其中负责伙食的厨师问道："军师，不算你和大王，野狼寨有120个弟兄。按每位弟兄一个酒碗、每两位弟兄一个肉碗、每三位弟兄一个汤碗来算，我得准备多少个碗啊？"

数学狼知道众狼在试探他，如果不拿出点真本事还真不能服众，于是他拍着胸脯说道："这问题太简单了。按6位弟兄一桌计算，每桌需要酒碗6个、肉碗3个、汤碗2个，每桌要准备11个碗。而120位弟兄可分为20桌，所以一共要准备11×20＝220（个）碗。"

这下，众狼相信数学狼是有真本事的，对他当选军师也就没有意见了。

【挑战自我2】

小明为野营活动做准备，按照"一人一个饭碗、两人一个菜碗、三人一个汤碗"的规则，他一共准备了55个碗。你知道参加野营活动的共有多少人吗？

夜探野狼寨

野狼寨就像长在大森林边上的一个毒瘤，时刻影响着森林居民们的生命和财产安全，警长卡尔决心清除这个毒瘤。俗话说："知己知彼，百战不殆。"为此，卡尔决定亲自到野狼寨里摸清敌人的底细。

一天深夜，卡尔警长和猎豹队长化装成平民上路了。通向野狼寨的小路两边都是深不见底的悬崖，小路上铺着长条大理石块，由于刚刚下过一场小雨，路面非常滑。

"警长,上山的路这么难走,今后我们要攻打野狼寨,真是困难重重啊。"猎豹担心地说道。

卡尔皱了皱眉头回道:"是啊,所以我们这次行动非常重要。只有把敌人的底细摸清了,再设下埋伏,引诱他们出寨,才能将他们一网打尽!"

突然,卡尔停下脚步,猎豹警觉地问道:"怎么了,警长?"

卡尔指着前面的大理石块说:"猎豹你看,前面的石块好像被动过。"

猎豹一看,发现前面的几个石块与其他的石块不同,上面刻了些数字,其中第六块上面还刻了三个数字:

| 11 | 15 | 21 | 29 | 39 | 50 | 51 | 52 |

猎豹素来胆大,拍着胸脯说:"不管他,可能是数学狼弄些数字吓唬人的。"

细心的卡尔仔细琢磨后断定:"肯定有机关。这些数字排列是有规律的,猎豹你看,11到15加了4,15到21加了6,21到29加了8,29到39加了10。而最后一块却分成三段,每段上面都有一个数字,按照刚才的规律,39应该加上12等于51,所以我们只能踏在中间那一段上,否则后果不堪设想。数学狼这家伙就喜欢在数学上做文章,我们千万不可马虎。"

猎豹听卡尔这么一分析,觉得很在理,他抬脚踏上写有"51"的石块,果然平安无事。两人顺利过关后,卡尔拿起一个小石块丢到写有"50"的石板上,突然从路边射出许多暗器。猎豹看后吓出一身冷汗,庆幸地说:"警长,幸亏有你在,要不我就成马蜂窝了!"

【挑战自我3】

按规律填数:

2、3、5、9、17、( )、( )

2、4、10、28、82、( )、( )

94、46、22、10、( )、( )

1、4、9、16、25、36、( )、( )

智过哨岗

进寨的路越来越宽,卡尔和猎豹并排向前走去。

"警长,你看路也变宽了,估计我们快到野狼寨了。"猎豹显得有些放松。

卡尔与数学狼交过手,知道数学狼的手段,所以他仍然十分小心,并提醒猎豹:"路这么平坦,独眼狼和数学狼一定会在路上设哨卡的。"

果然,在离野狼寨不远处,独眼狼派属下挖了一个宽七八米、深五六米的大坑,并在上面建起了一座吊桥。负责升降吊桥的小喽啰见卡尔和猎豹向他走来,恶狠狠地问道:"你们是谁？站住！"

"快放吊桥，我们是数学狼军师派去巡山的。"卡尔镇静自若地回答道。

喽啰一听对方是军师派来的，态度变得缓和了一些，不过他还是不放心，又说道："既然是军师派去巡山的，那你一定知道军师今天设置的数学口令。"

卡尔心想：坏了！怎么还要对口令？

"今天的数学口令是：三个连续自然数，后面两个数的积与前面两个数的积的差是114，那中间数是几？"

卡尔想了一会儿说："57！"

小喽啰质疑道："怎么要这么长时间？我看你们不是军师派来的。"

卡尔故作生气地骂道："好你个小哨兵！我们有重要情况急于向军师汇报，耽误了军情你负得了责吗？"小喽啰真被卡尔唬住了，乖乖地放下吊桥，请他们过去。

顺利通过前哨后，猎豹小声地问卡尔："警长，你是怎么对上数学口令的？"

卡尔笑道："三个连续自然数，后面两个数的积比前面两个数的积多2倍的中间数，用 $114 \div 2 = 57$，就可得知中间数是57了。"

猎豹听后竖起了大拇指，钦佩地说："警长的数学可真棒！要是换了我，只能乱猜一个数了。"

卡尔说道："我们可是在野狼窝里啊，万事都得小心，不可鲁莽！"

【挑战自我4】

三个连续偶数的乘积是个六位数,而且这个六位数的首位数是5,尾数是8,这三个数分别是多少?

夜探兵营

卡尔和猎豹乘着夜色继续向前走,"呼呼"的风声夹杂着狼嚎声,他俩听得毛骨悚然。突然,走在前面的猎豹好像发现了情况,示意卡尔隐蔽。

"警长,前面有灯光!"

卡尔拿出红外望远镜,发现前方有一座正方体的建筑,其中正前方的一间屋里亮着灯,里面隐约传出行酒令的声音:"哥俩好啊、五魁首啊、六六顺啊、七个巧啊、八匹马啊……"

卡尔嘱咐猎豹:"这一定是他们的军营,亮着灯的是值班室。我想办法调开值班的狼,你进屋偷出他们的地图。"

卡尔捏着鼻子,模仿野鸡叫的声音,把值班的狼从屋里骗了出来。猎豹快速地溜进屋内,查看了一下室内布置,拿到了地图。

卡尔展开地图一看,是野狼寨的兵营地图,房与房之间连成一个无空隙的正方形,独眼狼和数学狼住在正方形最中间的房间里。

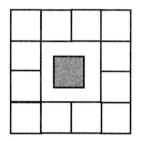

卡尔追问道:"猎豹,你看清楚每间屋内有几张床了吗?"

"看清了,有10张床。"

卡尔倒吸一口冷气:"好家伙,共有122头狼!"猎豹疑惑地问道:"警长,你没有去,是怎么知道的?"

卡尔指着地图说:"你看这个兵营是正方形的,图上告诉我们边长是20米,每间屋宽5米,所以每边有4间,一共有12间屋。每间屋里住10头狼,一共有120头,加上数学狼和独眼狼,一共有122头狼!"

猎豹有些不解,问道:"每边有4间屋,$4 \times 4 = 16$,应该一共有16间屋啊,怎么只有12间?"

卡尔解释说:"那是因为四个角上的房间我们算了两次,所以要再减去4。"

"这么多匪徒,他们又据守在易守难攻的野狼寨,我们怎么才能打败他们啊?"猎豹有些担心。

"强攻肯定不行,我们得想办法把他们引出野狼寨。"卡尔接过话说道。

猎豹突发奇想,提示卡尔:"警长,他们这么多狼聚在一起，粮草一定很多，我们找到他们的粮草仓库，一把火烧了，这样他们就一定得出野狼寨找粮草了！"

"好主意！现在我们就去找粮库。"

【挑战自我5】

用三根等长的火柴棒可以摆成一个等边三角形，将这样的等边三角形（如图）拼合成一个大的等边三角形。如果这个大的等边三角形的底由20根火柴棒组成，那一共需要多少根火柴棒才能拼成这个大等边三角形？

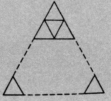

石门上的密码

卡尔和猎豹在野狼寨里转了一圈也没有发现存放粮草的仓库。

"难道这帮家伙不食烟火？如果有粮草，也得派个哨兵把守啊。"猎豹有些气馁了。

卡尔自言自语："粮草对于他们来说，可能比军火还要重要，有了充足的粮草，他们就可以长时间据守在野狼寨里。他们一定把粮草存放在更为隐蔽的地方，所以不需要哨兵把守。"

猎豹猜测道:"警长,你说他们会不会挖个洞把粮草藏在里面?"

卡尔一拍脑袋:"对!一定藏在洞里,但不是地洞,应该是在通风比较好的山洞里,这样粮草不容易坏。"

他们仔细地查看山壁,猎豹突然叫道:"警长快看!这块大石头好像经常被移动,一定是山洞的石门。可是这么大的石头谁搬得动啊?"

卡尔仔细查看后说道:"一定有机关。"他们果然在大石头底下发现了一个奇特的算式和一个数字键盘,算式是:(1※2)※3=?

猎豹挠了挠头说:"这是什么符号,我怎么从没见过啊?"

"这一定是数学狼设计的新定义运算,这种奇特的符号一定表示一种运算规则,可惜我们没有解密的密码本啊。"

猎豹好像突然想起了什么,从口袋中拿出一本《新兵必读手册》,递给卡尔说:"这是我刚才从他们房间里偷出来的,我当时还纳闷,怎么强盗也学习啊?"

卡尔打开一看,激动地说:"没错,这就是这个机关的密码!你看这个算式:$a※b=a×b+a+b$,所以先算出(1※2)=$1×2+1+2=5$,再算$5※3=5×3+5+3=23$,结果应该是23!"

卡尔输入"23"后,大石头果然自动移开了,露出了一个大洞。卡尔和猎豹进去点燃了粮草,跑出了山洞,他们决定先返回警察局静观其变。

【挑战自我6】

如果 $A ◎ B = A^2 - B^2$,求 $6 ◎ (3 ◎ 2)$。

谁去粮仓

"饿死我了……"野狼寨里乱作一团,野狼们叫嚷着要出寨找东西吃。

独眼狼问道:"军师,这可如何是好?"

数学狼掏出一张地图,指着上面的小圆圈说:"大王,你知道这里吗?"

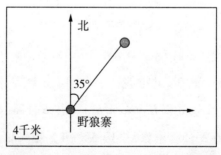

独眼狼在地图上一边比画,一边自言自语道:"野狼寨北偏东35度,直线距离约12千米。"独眼狼一拍脑袋,乐道:"这下有救了,这小圆圈代表的就是动物王国粮仓的位置,现在我们就去抢粮仓!"

数学狼摇了摇头说:"大王别急,现在我们野狼寨外面到处都有动物王国的暗哨,弄不好我们就会中了卡尔的埋伏。"

独眼狼火冒三丈:"这也不行,那也不行,总不能活活饿死吧!"

数学狼安慰道:"我早想好了,我们兵分两路,一队沿大道向南出寨,另一队顺崖而下,向北偏东35度的粮仓进军。"

这两个坏家伙都知道沿大道出寨很危险,都想带兵去抢粮仓。

数学狼想了想,从口袋里拿出两粒骰子说道:"大王,我们来次公平比赛,输了的带兵从大道出寨。"

独眼狼反问道:"怎么个比法?"

数学狼解释道:"两个骰子的点数之和,最小是2,最大是12。我们从中各选一个数字,掷11次,谁选的数字出现的次数多,谁就赢!"

"大王押6,六六大顺!"野狼们在一旁起哄道。

"6、7、8、5、7、6、7、9、7……"结果,独眼狼选的"6"只出现了3次,而数学狼选的"7"出现了4次。

"真倒霉!"说完,独眼狼带着一部分野狼沿大路出寨了。

"军师,你怎么选7,而不选吉利数8或其他数字呢?"有狼问道。

"只有选7,赢的可能性才最大。因为两个骰子的和是6的情况只有1与5、5与1、2与4、4与2、3与3,共5种。而两个骰子的和为7的情况有1和6、6和1、2和5、5和2、3

和4、4和3,共6种。"数学狼说道:"传我的命令,全体身着迷彩服,悄悄沿崖而下,目标是动物王国粮食仓库!"

【挑战自我7】

甲、乙两人轮流报数,规定每人至多报7个数,至少报1个数,从1开始,谁先报到50谁就获胜。甲先报,有无必胜的策略?

活捉数学狼

"你们被包围了,全部缴械投降,否则只有死路一条!"独眼狼带着一部分野狼刚出野狼寨,就被动物警员们围了个水泄不通。

"别杀我们,我们投降!"野狼们见大势已去,纷纷举手投降。

"报告警长,我们活捉了独眼狼,可没有发现数学狼。这是我们从独眼狼身上搜出的一张地图。"一位警员向卡尔警长汇报道。

卡尔心想:难道数学狼这坏家伙没有出寨?

卡尔展开地图一看,焦急地说:"坏了,数学狼这家伙给我们来了个声东击西,他带兵去了我们的粮仓!"

卡尔命令道:"留下一部分人看守俘虏,其余的警员骑摩托车火速赶往粮仓!"

警员们骑着摩托车飞一般地在林中穿梭。突然,最前面的一位警员放慢了速度,他示意大家下车。

"怎么回事,为什么下车?"卡尔责备道。

警员说道:"报告警长,前面有条小溪流拦住了我们的去路!"

其中一位胆大的警员说:"警长,我们可以驾车飞过去!前段时间我们在训练时,借助一个小土坡,摩托车能飞出6米远!"

大家担忧地说道:"不知这条河到底有多宽啊,万一掉到河里怎么办?"

大家不约而同地向卡尔看去。卡尔站在河边注视着对岸,不时地调整自己头上的帽子,然后又在河边走了几步。

大家心里都十分着急,希望卡尔快点想出过河的方法。

卡尔突然掉过头来说道:"我们骑摩托车飞过河去!这条河我刚才测量过了,宽大约是5米。"

大家对卡尔很有信心,个个像特技演员一样,借助小土坡,飞车越过河!

一位警员问道:"警长,你刚才说测量了河的宽度,我怎么没有看到啊?"

卡尔画了一幅图：

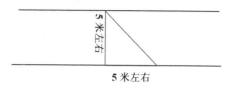

卡尔解释道："刚才我站在河边，用帽檐挡住视线，使自己只看到对岸的河堤；然后我向右转90度，同样也只能看到一样远的距离，而这个距离与河的宽度正好相等。我步行进行了测量，每步跨出约1米，刚好跨出了5步，所以我断定河宽约为5米。"

听卡尔这么一解释，大家恍然大悟："警长原来是利用了等腰直角三角形的两条腰相等的定理！"

动物警员们把粮仓团团围住，把数学狼及其带领的野狼一网打尽，数学狼又一次成为了阶下囚。

【挑战自我8】

两个完全一样的直角三角形叠在一起（如图），求阴影部分的面积。

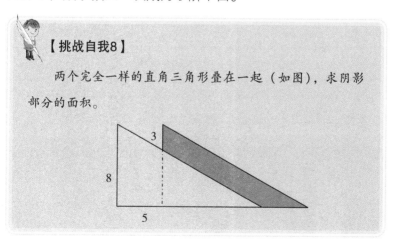

妙算城历险记

　　一次飞机失事,让艾米和表哥罗西误入外星人在地球上建立的秘密基地——妙算城。之后,他们经历了一段惊险刺激的奇妙旅程……

飞机失事

暑假开始了,在艾米的软磨硬泡之下,飞行员表哥罗西终于答应在空中巡逻森林火警时带上艾米。

"坐飞机喽!"艾米十分激动。

飞机在高山的云雾中穿梭,蔚蓝的天池就像一块无瑕的碧玉镶嵌在雪白的山之巅。"太美了!"艾米情不自禁地赞叹道。

突然,山中喷出一股淡黄色的云雾,刺鼻的味道使艾米打了个喷嚏。飞机仪盘表上的指针剧烈摆动起来,罗西叫道:"不好,飞机失控了,我们要跳伞了!"

艾米惊讶道:"不会吧,一个喷嚏就把飞机打坏了?"

"砰!"罗西抱着艾米在空中打开了降落伞。艾米吓得紧闭双眼,哭喊道:"我再也不坐飞机了!"

"咦,怎么一点也不疼?"

"喂,艾米,把你的屁股从我脸上挪开。"

艾米缓缓地睁开眼,这才发现自己正坐在罗西的脸上,他挠挠头不好意思地说:"幸亏没放屁。"

罗西打量了一下四周,这才发现他们掉进了一个巨大的朝天洞中,正好掉在一棵古树上。罗西捡起挂在树上的救生包,说道:"我们得想办法出去。"

"罗西哥,你看这崖壁上怎么会有一条小道?"兄弟俩带着

疑问和好奇,沿着崖壁上的小道向洞底走去。

"没路了!"艾米嚎啕大哭起来。

"别哭了,再把狼给招来。"罗西用手轻轻抹去石壁上的灰尘,上面露出了三个字:妙算城。

"让我看看。哈哈,真是'山穷水复疑无路,柳暗花明又一村'啊!"艾米就像落水人抓住了一根救命稻草。

"可是这妙算城在哪儿呢?"艾米使劲地敲击着石壁,面前的石壁突然剧烈地抖动起来,包裹在上面的火山岩一块块地脱落下来,露出一块电子显示屏。

只见电子显示屏上有一行字:下列数字方阵中所有数字的和是( )。

2 3 4……48 49 50
3 4 5……49 50 51
4 5 6……50 51 52
……
50 51 52……97 98 99

"这么多数字加起来,得加到猴年马月啊!"艾米蹲在地上哀叹道。

罗西仔细观察了这组数字方阵,笑道:"艾米,高斯在一年级就能解决从 1 加到 100 的难题,你都上五年级了,难道这点困难都解决不了?"

艾米站起来,研究了一会儿,很快就发现了其中的规律:第 1 排数字的和是 $(2+50) \times 49 \div 2 = 1274$,第 2 排数字的和是1323，第3排是1372……第49排是3626+99。"哈哈，原来是等差数列，那所有数字的和是（1274+3626）×49÷2+99=120050+99=120149。"

【挑战自我1】

一个数列，从第二项开始，后项与其相邻的前项之差都相等的数列叫等差数列。等差数列求和的公式：和=（首项+末项）×项数÷2。求下列算式的结果：

100-99+98-97+96-95+……+4-3+2-1=

2+4+6+……+998+1000=

1+2-3+4+5-6+7+8-9+……+601+602-603+604+605-606=

磁力大峡谷

当艾米输入正确得数后，石壁上出现了一个洞口，兄弟俩钻进去一瞧，都惊呆了。他们仿佛来到了另外一个世界，这里有山、有水、有森林，还有一个巨大的能量球悬浮在空中，就像太阳一样给整个地心世界带来了光明。

"这是世外桃源啊！"艾米惊叹道。一阵风吹来，风中夹杂着甜甜的果香，馋嘴的艾米闻到香味，跑得比兔子还快。

"你不怕中毒吗？"罗西站在树下，看着吃得津津有味的艾米问道。艾米摘了几个果子跳下树,扔给罗西一个,见罗西犹豫不决,艾米指了指树上正在吃果子的猴子笑道:"有这些猴子帮我们试吃,你就放心吧。"

"红疣猴!这……这可是濒危的物种,这里怎么会有呢?"罗西惊讶道。

这可引起了艾米的好奇,他笑道:"罗西哥,你说恐龙会不会在这里出现呢?"话音刚落,只听一声巨吼,一只体形庞大的霸王龙正朝兄弟俩跑来。

"瞧我这张乌鸦嘴!"艾米狠狠地打了自己一个嘴巴。

"快跑吧!"

"往哪跑?"

"前面好像有条河,我们躲进河里。"罗西拉着艾米往前狂奔。

等两人跑到前面一看,顿时傻了眼,面前是悬崖,悬崖下是流动着的滚烫的火山岩浆。"完了,我们要成霸王龙的点心了。"艾米沮丧地说。

罗西向四周望了望,突然发现不远处有一块石碑,还有两条像小船一样的石块悬浮在峡谷里。"过去看看!"

只见两条船上分别刻着"奇""偶"两个字。艾米问道:"这里有两条船,我们该上哪条呢?"

"看看石碑上的字。"这时霸王龙越来越近了,罗西决定自己引开霸王龙,让艾米留下来研究该跳上哪条石船。

只见石碑上写着:$1+2+3+4+\cdots\cdots+5000$,结果是奇数还是偶数?

"艾米，你快点，我快跑不动了！"罗西一边跑一边喊道。

"你再和小恐龙兜会儿圈，我得慢慢算。"艾米不急不慢，一个一个地加。

罗西吼道："这是'妙算城'，你不会动动脑筋吗？"

在罗西的提醒下，艾米恍然大悟，很快就算出结果是偶数。

"跳！"兄弟俩跳到了刻着"偶"字的石船中。笨重的霸王龙却掉下了悬崖。

"咦，这石船怎么会悬在空中呢？"艾米这才想起这百思不得其解的怪现象。

罗西解释道："听说过磁悬浮吗？这石船相当于一块大磁铁，峡谷底下肯定也有一个磁场，而且磁性跟它一样，同性相斥，所以石船就悬浮起来了。"

"罗西哥，你好有学问哦。那另一艘石船为什么不能上去呢？"说完，艾米把刚刚啃完的一个水果核扔到刻有"奇"字的石船上，只见那船立刻急速往下掉。

"好险啊！"

罗西趴在石船上，东敲敲、西敲敲。

"找什么呢？"

"如果你不想待在这石船上被饿死，就赶紧帮忙找找。"

"找到了！"在石船尾部，有 10 个石柄，每个石柄下面分别标着数字 0～9，旁边还刻着一行字：一个非 1 的自然数，加上 1 是 2 的倍数，加上 2 就是 3 的倍数，加上 3 就是 4 的倍数，加上 4 就是 5 的倍数，加上 5 就是 6 的倍数，加上 6 就是 7 的倍数。这个数最小是多少？请按下相关的石柄。

"好复杂啊。"艾米的老毛病又犯了，不动脑筋先叫困难。

"难吗？如果我说成是这样：一个非1的自然数，比2的倍数多1，比3的倍数多1，比4的倍数多1……还难吗？"罗西笑道。

"我会了！这个数应该是421。"说完，艾米按下4、2、1三根石柄，这时石船缓缓开动了。

【挑战自我2】

奇数±奇数＝偶数，偶数±偶数＝偶数，奇数±偶数＝奇数，奇数×奇数＝奇数，偶数×偶数＝偶数，奇数×偶数＝偶数，巧妙地利用这些奇偶性质可以解决很多有趣的问题。

1. 从1开始，2001个连续自然数相加，和是奇数还是偶数？

2. $1×2×3×4×……×2010$ 的积是奇数还是偶数？

"二、十"旅馆

"看，前面有一座城！"

石船停在了城市上空的站台。兄弟俩在城里转了一大圈，也没发现一个人，倒是发现了许多地球上已灭绝的生物。"罗西哥，你说这会不会是鬼城呢？"

"你——好——"艾米大声喊道。

过了几秒，远处也传来"你——好——"

"瞧，远处有人。"

"那是回声。"

"回声？为什么会隔了几秒才听到呢？"艾米不解地问道。

罗西决定给艾米当一回免费的科普宣讲员："声音在空气中传播的速度是每秒 340 米，假定在你前面 1000 米处有一座建筑物，声音遇到建筑物反射回来，也就是 $2000 \div 340 \approx 5.9$（秒）后，你才能听到回声。"

"有人吗？"

"大王叫我来巡山！"

……

调皮的艾米和自己的回声玩起了游戏。

正当艾米玩得起劲时，突然有几台机器人围了过来，对着他俩一阵扫描。"人类，哺乳动物，身上有病菌……"机器人唧唧咕咕说了一大通。艾米气得挥舞着拳头，大声嚷道："让开，你们才是动物，你们才有病！"

"有暴力倾向！"一台机器人的手臂上立刻伸出一根针管。

"我的妈呀，我最怕打针了。"艾米拉着罗西一阵狂奔，终于躲过几个机器人的围捕。

"瞧，这里有家旅馆，我们进去躲躲吧。"

"'二、十旅馆'，这旅馆的名字可真奇特，难道是 20 元住一晚？"艾米带着好奇心走进旅馆。

旅馆里没有人，艾米随手拿了一张房卡，一看房间号却愣住了:"11101,这房间号怎么这么长,难道有1万多间?"

兄弟俩在旅馆里找了个遍,也没有发现这个房间号。

罗西看着手中的房卡,嘴里念道:"二、十,二、十,我明白了,这是二进制的数,而房门上标的却是十进制的数。"

艾米见罗西手舞足蹈,摸了一下罗西的额头:"没发烧啊。"

罗西没有理会艾米,蹲下来仔细研究起二进制数的特点:十进制数中逢十进一,那二进制数应该是逢二进一,也就是说每个高位上的1个单位都等于下一位上的2个单位。所以,每个二进制数转换成十进制数时,要用它从右向左的第一个数字加上第二位上的数字$\times 2$,加上第三位数字$\times 2^2$,再加上第四位数字$\times 2^3$……这样一直加下去就可以了。

$$11101 = 1\times 2^4 + 1\times 2^3 + 1\times 2^2 + 0\times 2^1 + 1 = 29$$

"应该是29号房间的房卡,哈哈,终于找到了。"罗西经过一番计算说道。

艾米打开房间:"哇,这宾馆可是五星级的标准呀,我得洗个澡,好好地睡一觉。"说完艾米走进浴室。过了一会儿,罗西就听到了艾米的嚎叫声。

"怎么了?"

"这热水器坏掉了,出来的水一会儿冷、一会儿热。"

罗西看了一下热水器上艾米设置的温度,笑道:"这是用二进制来设置温度的,你设置成40摄氏度,热水器当然不知道你要多少摄氏度的热水了。"

"那40摄氏度在二进制里应该设置成多少呢?"

"二进制是满二进一,因此二进制数中只用到0和1两个数字。将十进制数转换成二进制数时,可依据满二进一的原则,用2连续去除这个十进制数,直到商为0为止,然后将每次所得的余数(只能是0或1)按自下而上的顺序写出来,就可以了。"

"快帮我转换一下,冻死我了。"艾米抱着胳膊直发抖。

"这事你自己解决。"罗西这次当起了甩手掌柜。

艾米没招了,只能按罗西的方法演算起来……

【挑战自我3】

你知道十进制的40,在二进制里应该是多少吗?

你知道二进制的110111,在十进制里应该是多少吗?

潜入司令部

艾米玩遍了宾馆里的每一间房,有点"乐不思蜀"了。

罗西却有些担忧,他看着街上正在搜捕他们的机器人战警,自言自语道:"我们不能总窝在这里,否则迟早会被发现的。"

艾米挽了挽衣袖说道:"我们冲出去,和它们拼了!"

罗西捏了捏艾米手臂上的肌肉,笑道:"就你这小身板,还跟机器人战警拼命?恐怕到时连根头发丝都找不到。"

"打不过，可以智取嘛。"艾米从背包里拿出一台电脑，得意地说，"瞧，我找到的宝贝，而且我已突破它们的防火墙。"

"厉害!"罗西竖起大拇指。

"应该是相当厉害！在玩电脑上，我可称得上是你的导师了……"

"打住，别吹牛了。"罗西实在受不了了。

"吹牛？我要不拿出点本事来，还真被你看扁了。"艾米透过窗户，指着街上一台负责医务的机器人说："瞧好了，我让这家伙进来给我捶背。"

艾米的手指在电脑键盘上飞快地敲击，不一会儿，医务机器人好像接收到了信号，转身进入了"二、十"宾馆。

通过破解医务机器人芯片中的信息，艾米得知这些机器人来自银河系中一个叫智慧星球的妙算国。他们专门负责搜索银河系中的生物，然后输送回智慧星球进行研究。

"宇宙强盗啊！"艾米惊呆了。

"这机器人真够狡猾的，把基地建在火山里，人类是根本无法发现的。不行，我们必须要关闭这个基地。"

艾米学着罗西的样子，捏了捏罗西的手臂和腿，嘲笑道："就凭你这小胳膊小腿的，也想和机器人拼命？"

罗西一拍脑袋，兴奋地说："我有一个计划……"

"不行、不行，绝对不行！"艾米把头摇得像拨浪鼓似的。

"机会可就只有这一次！成功了，你就是地球的救世主、人类的大英雄……"

在一连串的诱惑之下,艾米动摇了,他一挺胸膛:"我要做大英雄!"

艾米给机器人下了命令,让机器人带着他们去往外星人的司令部。

医务机器人推着车,兄弟俩躺在上面假装病人,一路上骗过了许多机器人战警,顺利来到一个飞碟形状的建筑前面。

"帮我们把门打开。"

"对不起,我权限不够,没有开门的密码。"

艾米得意道:"破解密码我最拿手了。"

他凑上前一看,发现上面有一个数字键盘,还有一个算式:

$1 + 1.1 + 1.11 + 1.111 + 1.1111 + 1.11111 + …… = ……$□□□□□□□□,1 的个数正好是银河系中恒星的数量。

"银河系中有几千亿颗恒星啊!这要加到什么时候啊?"艾米惊叹道。

罗西心想:这道题就是用我国的银河号计算机来计算也得好长时间,所以肯定有规律在里面。他拿出纸和笔算了一会儿,笑道:"我知道了。"

艾米根本不相信罗西在这么短时间内就能算出结果,嘲讽道:"结果是多少?数字一定很大吧!"

罗西笑道:"不大,最后 9 位数是 987654321。"

"你怎么算的?"

罗西指着自己列的算式说:"根据小数加减法的计算法则,小数点要对齐,我列出算式后,发现最后 9 位数字是始终不变的。"

1
1.1
1.11
1.111
1.1111
1.11111
1.111111
1.1111111
1.11111111
1.111111111
……
……987654321

艾米在数字键盘上依次按下这些数字。

【挑战自我4】

像这类较复杂的问题,我们要根据题目的特点,找出其中的规律。比如积的尾数问题,就是采用"从简单想起"的策略,通过计算发现尾数出现的周期性。如60个4连乘,积的个位数是几?可以通过1个4尾数为4,2个4连乘尾数为6,3个4连乘尾数为4,4个4连乘尾数为6……发现尾数变化的规律是4、6、4、6……所以60个4连乘,积的个位是6。

61个9连乘,积的个位是几?

太阳系行星阵

大门打开后,兄弟俩被眼前的景象惊呆了,他们仿佛身在宇宙之中,虚拟的八大行星正围绕着太阳旋转。

"太美了!瞧,这是我们的地球。"

"你们必须破解这个太阳系行星阵,否则我们将被困在这虚拟的太空之中。"机器人的一句话就像一桶冰水,浇醒了兄弟俩。

"如何破解?"艾米问道。

机器人指着脚下的一幅发光的图说:"太阳系除了太阳这颗恒星外,还有八大行星,分别代表1~9这九个数。将这九个数分别填入下面的圆圈里,使每条线上的三个数的和都相等。"

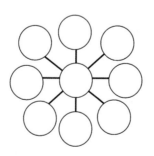

艾米感觉无从下手,只能小声问道:"还有其他的办法吗?"

机器人回答道:"有,要等到下一次九星连珠(八大行星在太阳的同一侧）时，行星阵将会暂时性关闭。不过要等6000年才有一次这样的机会。"

"6000年才有一次机会？这也太长了！"艾米叫道。

"有人猜测当九星排成一条直线时，地球就会灭亡，这是真的吗？"艾米好像有问不完的问题。

"有可能，不过这种现象要几十亿、几百亿年才有可能发生一次。"

"这我就放心了，那时人类肯定找到更多宜居的星球了。"艾米拍了拍胸口说。

机器人又说道："从我们对地球的观测与研究来看，你们人类正在加速地球的灭亡。"说完机器人胸口露出一个显示屏，上面播放着人类过度开发地球的视频：水源被污染，植被减少，矿藏被过度利用，气候变暖，生物灭绝……

艾米问道："那智慧星球的人派你们来，是不是要抢夺我们地球的资源？"

机器人回道："不是。我们收集灭绝生物的DNA，然后通过克隆使其重生，最后把实验数据发回智慧星球，让地球灭绝的生物能在我们的星球上繁衍下去。"

艾米有些不信，问道："这就是你们来地球的目的？"

机器人停顿了一下，说道："当你们人类自取灭亡后，智慧星球将会根据我们的实验数据重新改造地球，让这美丽的蓝色水球成为智慧星球居民的新家园。"

艾米听完后，怒道："你们这是抢夺、侵略……"

机器人反驳道:"这是你们人类贪婪、无知造成的,跟智慧星球没有关系。"

艾米保卫地球的情感再一次被点燃,他叫道:"罗西,密码你破解了吗?我们必须要出去,让全人类都保卫我们生存的家园!"

罗西摇摇头说:"你来试试。"

艾米静下心来想道:1~9 这九个数字的和是 45,假设每条线上三个数的和为 x,中间的数字为 M,那么 $45+3M=4x$,$(45+3M)\div 4=x$,可以推知,当 $M=1$ 时,$x=12$;当 $M=5$ 时,$x=15$;当 $M=9$ 时,$x=18$。所以中间的数字有可能是 1、5、9,所对应的每条线上的三个数字的和分别是 12、15、18。

结合以上的推论,艾米很快就填出了其中一种答案:

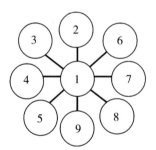

虚拟的宇宙景象消失了,可等待兄弟俩的却是一排全副武装的机器人战警。

【挑战自我5】

在填数游戏中,要仔细观察图形,确定图形中关键的位置应该填几,关键位置一般是图形的顶点及中间位置。另外,要将所填的空与所提供的数字联系起来,一般要先计算所填数字的总和与所提供数字的和之差,从而确定关键位置应填几。关键位置填好了,其他问题就迎刃而解了。

解除太阳系行星阵的另外两种填法,你能想出来吗?

逃离牢笼

艾米和罗西被机器人押到一个房间里。机器人在一台电脑上操作了一会儿,一个激光头射出无数道光芒,当光芒渐渐淡去时,一个长相奇特的外星人出现在兄弟俩面前。

"基地大门我们5年才开启一次,你们是如何进来的?"

罗西惊叹道:"这是远距离影像成形技术,没想到外星人科技这么发达。"

艾米听到外星人原来是影像,胆子也大了一些,笑道:"如果我说我们是开后门进来的,你信吗?"

"你们闯进我们的基地,有何目的?"外星人接着又问道。

"你们的基地？这地球本来就是我们人类的家园，你们闯入我们的家园，有何目的？"艾米反问道。

"哼，过会儿你们会招的！把他俩关起来，不能让他们跑了，更不能让他们死了，我想这两个人类是很好的试验品。"外星人说完后，影像自动消失了。

"砰！"兄弟俩被关进了一个铁笼里。

艾米担心道："罗西哥，你说外星人会不会对我们下毒手？如果他们使用老虎凳、辣椒水，我怕自己受不了，到时恐怕连小时候尿床的事都会招出来。"

"瞧你那点出息！"

罗西在背包里翻了一会儿，摸出一面小镜子，笑道："终于找到了。"

艾米见罗西一点也不着急，叫道："都什么时候了，你还有心思照镜子！"说完夺过镜子就想砸了。

"如果你还想从这牢笼里出去，就把镜子还给我！"罗西连忙说道。

"就靠这镜子？"艾米拿着镜子左看看、右看看，也没发现有什么特别之处，"这又不是魔镜，你骗三岁小孩呢？"

罗西附在艾米耳边嘀咕了一会儿，艾米连连点头："好办法，就这么办！"

"哎哟，疼死了！"艾米抱着肚子在地上打滚。

"喂！你个铁疙瘩，快去叫你们的医务机器人过来，我表弟快不行了。"罗西对着看守他们的机器人叫道。

"刚才还好好的,怎么就得病了呢?"看守机器人在铁笼外查看了一会儿。艾米抱着肚子叫嚷道:"如果我病死了,你的主人肯定会把你这个铁疙瘩敲碎了扔进熔炉里。"

这一招果然很灵,看守机器人立刻出门寻找医务机器人去了。

"快,行动!"

罗西将镜子伸出牢笼,看到了一个显示屏和一个键盘。罗西按下开门按钮,显示屏上立刻出现了一个算式,还有 60 秒倒计时:

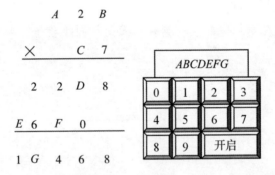

"这是什么算式?上面的字母是什么意思?"艾米挠了挠头问道。

罗西解释道:"这些字母组成的数就是开门的密码。"

艾米静下心来想道:"根据 $A2B \times 7 = 22D8$,可知 $B=4$,再根据 $2 \times 7 = 14$;加上进位的 2,可推知 $D=6$;根据 $A \times 7$ 加进位的 1 等于 22,可推知 $A=3$;由于 $B=4$,$4 \times C$ 的个位为 0,可推知 $C=5$;这样就可推算出 $F=2$,$E=1$,$G=8$。"

艾米迫不及待地在数字键盘上输入"3456128",牢笼门自动打开了。

【挑战自我6】

解算式谜,就是将算式中缺少的数字补齐,使它成为一道完整的算式。破解算式谜的思考方法是推理加上尝试:先要仔细观察算式特征,由推理能确定的数先填上,不能确定的,要分几种情况逐一尝试。要认真分析已知数字与所缺数字的关系,抓住题目的突破口。

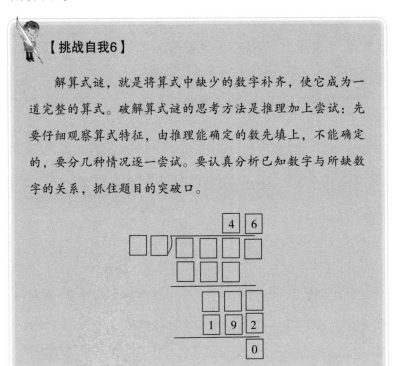

成功脱险

艾米和罗西逃出牢笼后,罗西深深地吸了一口气:"自由的空气就是新鲜啊。"

艾米却说:"我现在就想离开这鬼地方,一秒都不愿多待。"

"走？往哪走？我们现在只有一个办法，就是控制住这个基地，然后想办法离开。"罗西说道。

"我怎么把这事给忘记了，我现在可是地球卫士、人类的大英雄。"艾米一挺胸脯，对着罗西说道，"罗西同志，我命令你守住大门，不让敌人越过雷池一步。"

"是！保证完成艾司令布置的任务。"

艾米打开电脑，手指在键盘上飞快地敲击着。罗西也没闲着，把屋里能搬的东西全移到门口，死死地顶住大门。

"咚、咚……"门外的机器人战警拼命地敲着门，连激光枪都使上了。

"艾米，你快点，我快顶不住了。"

"再坚持一会儿，还有最后一道程序，破解完就行了！"艾米按下回车键，电脑显示屏上出现了几个奇怪的算式：2※3 = 7，4※2 = 10，8※5 = 21，7※10 = 24，5※3 = （　　）。

"这是什么符号？"艾米挠了挠脑袋，只能求助于罗西了。

艾米明明自己解不出来，嘴上却说道："罗西同志，功劳不能我一人独享。最后一个程序我解出来了，不过密码还是你来说吧。"

罗西一脸不屑地说道："都火烧眉毛了，你还装什么大尾巴狼，是13！"

当艾米输入密码后，所有机器人都被设置为休眠状态。

"大功告成！"

"嘟、嘟……"基地不断收到外太空传输过来的信息，他们正在试图唤醒机器人。

"估计用不了多少时间,这些机器人将会被唤醒。"

"有没有阻止的办法?"

艾米看着源源不断的信号从外太空传来,摇了摇头说:"除非炸了这个基地,切断与外界的联系。"

"就算炸了这个基地,外星人还会派机器人过来重建基地的,一定要让外星人对地球失去兴趣。"罗西说道。

"我有办法了!"艾米再一次操作电脑,向外太空智慧星球发送"地球被核弹污染,不适合生物居住"的假信息;然后又设置了基地自毁程序,设定1小时后自动毁灭。

"1小时后爆炸,你想到出去的办法了?"罗西问道。

"当然了,我暂时还没有当烈士的打算。"艾米笑道。

原来,艾米在电脑上发现了一个秘密通道,也就是外星人所说的5年才开启一次的基地大门,艾米把基地大门开启的时间设为50分钟之后。

艾米和罗西用降落伞制作了一个热气球,又把山泉水引到基地外火山岩浆处,当冰冷的山泉水冲进岩浆时,巨大的水蒸气把热气球吹了起来。

热气球越升越高。当基地大门开启后,基地爆炸产生的能量,把热气球推出了火山口。

【挑战自我7】

如果 A#B = (A+B) ÷2,求 (45#55) #60。

参考答案

★玩具历险记

【挑战自我1】12。

【挑战自我2】小猴体重是29千克,小熊体重是32千克,猩猩体重是34千克。

【挑战自我3】204米。

【挑战自我4】孙阿姨是售货员。

【挑战自我5】18小时。

【挑战自我6】100＝64＋6＋6＋6＋6＋6＋6。

【挑战自我7】18天。

【挑战自我8】不可以。因为6是偶数,所以翻动杯子若干次后,翻动的总次数也是偶数。而9是奇数,所以不论翻动多少次,都不可能使9个杯口全部朝下。

【挑战自我9】9653。

【挑战自我10】3275345。

【挑战自我11】12种。

【挑战自我12】160人。

★鼠王国历险记

【挑战自我1】$(4-4)\times 4\times 4=0$ $(4\div 4)+4-4=1$ $4\div 4+4\div 4=2$

(4×4−4)÷4=3　(4−4)×4+4=4　(4×4+4)÷4=5。

【挑战自我2】18。

【挑战自我3】720、5040；20、6。

【挑战自我4】35千克。

【挑战自我5】2年后。

【挑战自我6】第3个人。

【挑战自我7】多生产20个。

【挑战自我8】最少花费5000元，应该集中放在五号仓库里。

【挑战自我9】112枚。

【挑战自我10】红气球75只，黄气球25只，蓝气球225只。

【挑战自我11】

【挑战自我12】6名。

【挑战自我13】30平方厘米。

【挑战自我14】24种。

【挑战自我15】9805。

【挑战自我16】189。

【挑战自我 17】在刷牙洗脸的时候烧开水,可节省 10 分钟。最少需要 18 分钟。

★ 酷酷猴历险记

【挑战自我 1】3 天中,金葫芦比银葫芦多倒出 15 粒,所以用(245－15)÷2,求出原来银葫芦里的仙丹为 115 粒;再用 245－115,求出原来金葫芦里的仙丹为 130 粒。

【挑战自我 2】因为 9 个不老参＋3 个人参果＝4170 克,6 个不老参－3 个人参果＝30 克,把这两个算式合并就可知道 15 个不老参＝4200 克,所以每个不老参重 280 克,每个人参果重 550 克。

【挑战自我 3】123、456、789。

【挑战自我 4】30 匹马。

【挑战自我 5】把 24 辆车全看成自行车,就有 24×2＝48 个轮子,比实际少 90－48＝42 个轮子。而每辆自行车比汽车少 2 个轮子,所以用 42÷2,求出汽车有 21 辆,那么自行车就有 3 辆。

【挑战自我 6】因为这少了的 45 元是把某数扩大 10 倍后造成的,如果把那笔捐赠的钱看作 1 份,那么记错后就变成原来的 10 倍,少了 9 份,用 45÷(10－1),就可知道原本捐赠了 5 元,而被错记成了 50 元。

【挑战自我 7】因为要使 7 个全朝上的杯口变成全朝下,必须翻动单数次才行,可每人每次只能翻动 4 个杯子,无论翻动多少次，4×次数只能得到双数次，所以所谓的"一元赢大奖"永远不可能成功。

【挑战自我8】甜甜沙先开2分钟，那么他领先了280×2=560（米），而酷酷猴的赛车每分钟比甜甜沙的赛车快360－280＝80（米），那追上甜甜沙就需要560÷80＝7（分钟）。

★沙漠古堡历险记

【挑战自我1】两人一起出发，8天后两人都只剩16天的食物。B将自己8天的食物分给A后，独自带8天的食物返回。则A携带的食物能支持24－8＋8＝24（天），所以A还能再走（24－8）÷2＝8（天），然后携带剩下16天的食物返回。A最远可以深入沙漠20×（8＋8）＝320（千米）。

【挑战自我2】要求距离，速度已知，所以关键是求出相遇时间。从题中可知，在相同时间（从出发到相遇）内哥哥比妹妹多走了（180×2）米，这是因为哥哥比妹妹每分钟多走了（90－60）米，那么，二人从出发到相遇所用时间为180×2÷（90－60）＝12（分钟）。所以，家离学校的距离为90×12－180＝900（米）。

【挑战自我3】故事书39本，漫画书8本。

【挑战自我4】

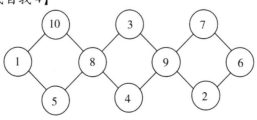

【挑战自我5】（1）19998÷9＝2222；（2）29997÷9＝3333；（3）39996÷9＝4444；（4）69993÷9＝7777；（5）89991÷9＝9999。

【挑战自我6】这里关键不是数量的多少，而是数量的关系。仔细分析遗嘱不难看出，妻子和儿子的数量相同，妻子的数量是女儿的2倍。有了这个关系就不难分配了：妻子和儿子各得财产总数的$\frac{2}{5}$，女儿得财产总数的$\frac{1}{5}$。

★狼窝历险记

【挑战自我1】875421。

【挑战自我2】设6个人为一组，共需要6个饭碗、3个菜碗、2个汤碗，共11个碗。小明共准备了55个碗，可知共有5组，所以一共有5×6＝30（人）。

【挑战自我3】33、65；244、730；4、1；49、64。

【挑战自我4】82、84、86。（因为是偶数，所以这三个数的尾数只可能是2、4、6、8。由于乘积的尾数是8，所以推算出这三个连续偶数的尾数分别是2、4、6。再通过尝试，推算出这三个数十位上的数字是8。）

【挑战自我5】630。[一共20层，第一层：1×3＝3（根），第二层：2×3＝6（根），第三层：3×3＝9（根），第四层：4×3＝12（根），一共需要3×（1＋2＋3……＋20）＝3×210＝630（根）。]

【挑战自我6】11。

【挑战自我7】有。甲要报到50，必须先报到42，同样道理，要抢到42，必须先抢到34、26、18、10、2，所以甲先报到2，然后根据乙报的个数，甲增加几个，使两人报的个数之和是8。如：甲报1、2，如果乙报一个数3，那甲接着应该报8－1＝7个数，即4、5、6、7、8、9、10。

【挑战自我8】（8－3＋8）×5÷2＝32.5。

★妙算城历险记

【挑战自我1】50；250500；60903。

【挑战自我2】奇数；偶数。

【挑战自我3】101000；55。

```
2 | 40    ……0
2 | 20    ……0
2 | 10    ……0
2 | 5     ……1
2 | 2     ……0
2 | 1     ……1
    0
```

$1×2^5+1×2^4+0×2^3+1×2^2+1×2+1=55$

【挑战自我4】9。

【挑战自我 5】

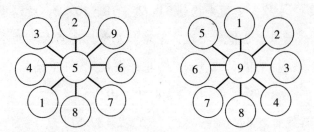

【挑战自我 6】

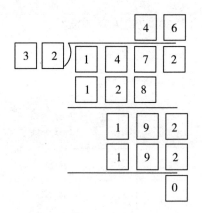

【挑战自我 7】 55。